U0167402

高等院校土建类
"十四五"新形态特色教材

◀ 微课视频版 ▶

室内设计项目导学

周一鸣 傅媛媛 张文超 陈 烨 编著

中国水利水电出版社
www.waterpub.com.cn
·北京·

内 容 提 要

本教材为室内设计、艺术设计、建筑装饰工程等专业的室内设计课程教学的配套教材，结合作者长期的教学实践经验编写而成。分为6个单元，包括课前须知、设计准备、设计方案、设计制作、设计展示、设计总结。内容丰富，以项目为核心，以问题为导向，注重理论与实际相结合，系统全面地介绍了室内设计项目的相关内容。书中列举了大量的案例，每个单元附有学习目标、延伸阅读、课后训练和课后思考等内容，便于学生拓宽思维，更好地理解与掌握所学内容。

本教材为纸数融合新形态一体化教材，配有丰富的教学视频和课件。扫描书中二维码，可在移动客户端观看学习相关资源，其中部分视频有相应的PPT课件，扫描封底的二维码即可获取。获取封底激活码，可线上阅读数字教材。

本教材可作为本科、高职高专、中专阶段的室内设计专业的教学用书，也可供相关专业的自学者和业余爱好者阅读参考。

图书在版编目（CIP）数据

室内设计项目导学 / 周一鸣等编著. -- 北京 ： 中国水利水电出版社，2021.12
高等院校土建类"十四五"新形态特色教材
ISBN 978-7-5170-9079-3

Ⅰ. ①室… Ⅱ. ①周… Ⅲ. ①室内装饰设计－高等学校－教材 Ⅳ. ①TU238.2

中国版本图书馆CIP数据核字(2020)第213328号

书　　名	高等院校土建类"十四五"新形态特色教材 **室内设计项目导学（微课视频版）** SHINEI SHEJI XIANGMU DAOXUE（WEIKE SHIPINBAN）
作　　者	周一鸣　傅媛媛　张文超　陈烨　编著
出版发行	中国水利水电出版社 （北京市海淀区玉渊潭南路1号D座　100038） 网址：www.waterpub.com.cn E-mail：sales@waterpub.com.cn 电话：（010）68367658（营销中心）
经　　售	北京科水图书销售中心（零售） 电话：（010）88383994、63202643、68545874 全国各地新华书店和相关出版物销售网点
排　　版	中国水利水电出版社微机排版中心
印　　刷	清淞永业（天津）印刷有限公司
规　　格	210mm×285mm　16开本　11.25印张　345千字
版　　次	2021年12月第1版　2021年12月第1次印刷
印　　数	0001—3000册
定　　价	**58.00元**

凡购买我社图书，如有缺页、倒页、脱页的，本社营销中心负责调换

"行水云课"数字教材使用说明

"行水云课"教育服务平台是中国水利水电出版社全力打造的"内容"+"平台"的一体化数字教学产品。平台包含高等教育、职业教育、职工教育、专题培训、行水讲堂五大版块,旨在提供一套与传统教学紧密衔接、可扩展、智能化的学习教育解决方案。

本套教材是整合传统纸质教材内容和富媒体数字资源的新型教材,将大量图片、视频、课件等教学素材与纸质教材内容相结合,用以辅助教学。读者可通过扫描纸质教材二维码查看与纸质内容相对应的多媒体资源,完整的数字教材及其配套数字资源可通过移动终端APP、"行水云课"微信公众号或中国水利水电出版社"行水云课"平台 www.xingshuiyun.com 查看。

内页二维码具体标识如下:

· Ⓜ为微课视频

· ◉为课件

· Ⓣ为拓展阅读

前言

为了遵循国务院印发的《国家职业教育改革实施方案》中"产教融合"的新理念，响应"三教"改革向纵深推进的新要求，以及"工作手册式教材"的新倡导，满足信息时代设计产业转型升级的新需求和应对新型设计技能型人才可持续发展的新期许，本教材在编写过程中积极更新教学观念、重组教学内容、优化教学关系，围绕"室内设计项目"的核心、追求"学"的成效，形成以"导"字为主线的教材特色。本教材的教学特色主要体现在以下几个方面：

（1）教学观念。宏观架构立体化教学，从横向维度看，内容之间相互关联贯通，并相互指向、互相引导；从纵向维度看，教材内容在设计知识导向方面具有更深厚的专业素养；从时间维度看，在项目设计的过程中采用启发提问等方式引导学生学习。

（2）教学内容。以项目的内容特征和工作过程为模板，整合职业道德、专业素养、设计规范、美学原理、经典案例等资源信息，解析设计的思路、步骤、方法、重点和难点，重新架构"知识体系完善、操作指导完备"的教材内容，注重拓展学生视野，培养学生扎实的操作能力以及灵活的创新思维能力。

（3）教学关系。本教材将设计项目分为"课前须知、设计准备、设计方案、设计制作、设计展示、设计总结"6个环节，并通过提问的方式引出单元学习目标，让学生产生浓厚的学习兴趣；此外还有配套的在线课程教学内容，便于学生清晰掌握学习内容；本教材以学生自主学习为主，教师转变为学生"设计学习旅程"中的"导游"，承担学生在学习过程中的辅导、督导责任。

本教材是在长期教学实践积累基础上的进一步的改革和探索，是中国大学MOOC网、智慧职教、行水云课教育服务平台的配套在线课程教材，涉及的案例与资源均可到 www.icourse163.org、www.icve.com.cn 和 http://xingshuiyun.com

检索课程"公共空间设计"（周一鸣主讲）进行查找下载。

本教材由我与常州艺术高等职业学校傅媛媛老师、常州信息职业技术学院张文超老师、常州工程职业技术学院陈烨老师共同编著。校企合作企事业单位的常州市图书馆钱竑馆长、常州西格空间设计有限公司周常老师、江苏印象乾图文化科技有限公司谈迎光老师、南京万象空间设计陈太康老师、常州鸿鹄装饰设计工程有限公司黄宇老师为本教材提供了精彩的设计案例，我们的学生祁明勇、董宸著设计师提供了设计规范和图库等专业素材，在此一并表示感谢！

因编者水平有限，加之时间仓促，书中难免存在不足，敬请广大读者指正！

周一鸣

2020 年 8 月 18 日

目录

前言

第1单元　课前须知／1

1.1　设计项目是怎样运行的? 1

1.2　设计师是怎样养成的? 9

1.3　设计资源有哪些? 19

1.4　设计工具有哪些? 22

第2单元　设计准备／28

2.1　怎样进行设计调研? 28

2.2　怎样进行实地勘察? 38

2.3　怎样建立客户档案? 41

2.4　怎样整合设计素材? 42

2.5　怎样策划设计工作? 44

第3单元　设计方案／46

3.1　怎样形成设计概念? 46

3.2　怎样进行平面功能设计? 55

3.3　怎样组织空间? 64

3.4　怎样进行界面设计? 71

3.5　怎样进行色彩搭配? 80

3.6　怎样进行光环境设计? 89

3.7　怎样进行空间陈设? 96

第4单元　设计制作／104

4.1　怎样制作设计制图? 104

4.2 怎样手绘效果图? ·· 116

4.3 怎样制作电脑效果图? ·· 124

4.4 怎样制作展演文件? ·· 133

4.5 怎样撰写设计说明? ·· 138

4.6 怎样进行设计手册的装帧设计? ··································· 140

第5单元　设计展示／142

5.1 怎样展示设计方案? ·· 142

5.2 怎样演说设计方案? ·· 146

第6单元　设计总结／151

6.1 设计项目怎样归档? ·· 151

6.2 怎样撰写总结报告? ·· 154

附录／158

附录一　《室内设计》课程整体设计 ································· 158

附录二　设计任务书 ·· 167

参考文献／170

第1单元　课前须知

学习目标

了解什么是设计、室内设计的定位与工作目的。

室内设计在整个建设项目中处在什么位置？

室内设计的详细工作过程及其要点是什么？

设计师是怎样表现与表达设计思路与想法的？

设计师如何更好地与相关人沟通？

怎样在专业、态度、方法等方面全面提升自己？

室内设计师一般经历怎样的职业成长路径？

明确方向与各阶段目标是什么？

明确设计资源的内容组成有哪些？

怎样收集、建立、管理自己的设计素材与资源？

室内设计工具的类别有哪些？

如何有效地整理、使用并管理设计工具？

1.1　设计项目是怎样运行的？

1.1.1　何为室内设计

1. 设计的起源

"设计"的出现可以追溯到19世纪的英国。工业革命"蒸汽动力"代替了人力、水力，因而机械化批量式生产代替了手工业工艺式少量生产，工厂主与技术人员征求擅长造型的艺术家的意见，这便是"近代设计"的萌芽。于是出现了培养拥有设计能力专门人员的学校，如英国的南肯辛顿博物馆

课程简介Ⓜ

做幸福的汉堡Ⓜ

（现维多利亚 – 艾伯特美术馆）附属设计学校创建于 1852 年，该校创始于 1837 年。从此设计渗透到各个领域，发展到今日，可以说所有的人工物质都有设计师的参与，设计的特征是在每个发展阶段都适配并体现当时当地的科技、文化水平。图 1.1.1 为设计时间轴。

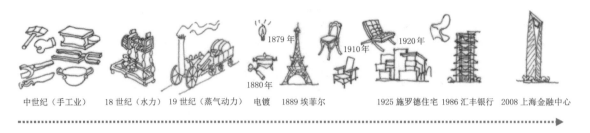

中世纪（手工业）　18 世纪（水力）　19 世纪（蒸气动力）　电镀　1889 埃菲尔　　1925 施罗德住宅 1986 汇丰银行　2008 上海金融中心

图 1.1.1　设计时间轴

2. 设计的次元

在图形领域，点和线为一次元；平面为二次元，如平面、视觉设计；立体为三次元，如产品、建筑设计；再加上时间的要素为四次元，如室内、戏剧、音乐会设计。次元（dimention）在计算机领域，即 2D、3D。立体的空间设计采用 3D 系统设计。图 1.1.2 为设计次元轴。

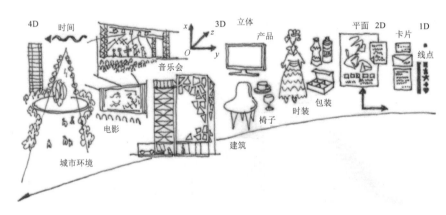

图 1.1.2　设计次元轴

3. 设计的风格

设计是艺术的一个分支，艺术风格指文艺创作中表现出来的一种带有综合性的总体特点，是时代、地域、政治、经济、文化等社会综合体的反映，因此对艺术风格的认识和理解建立在大的时空格局之中，同时也可以将室内设计的风格演变与其他艺术门类的风格演变联系起来看待，就更容易记忆和理解。不同历史阶段的室内设计风格见图 1.1.3，设计风格矩阵见图 1.1.4。

 延伸阅读

• 约翰·派尔，《世界室内设计史》，中国建筑工业出版社，2007。

• 楼庆西，《中国古建筑二十讲》，生活·读书·新知三联书店，2009。

• 陈志华，《外国古建筑二十讲》，生活·读书·新知三联书店，2009。

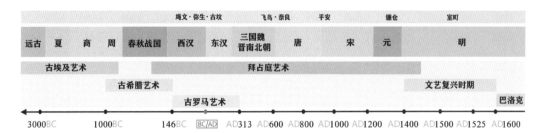

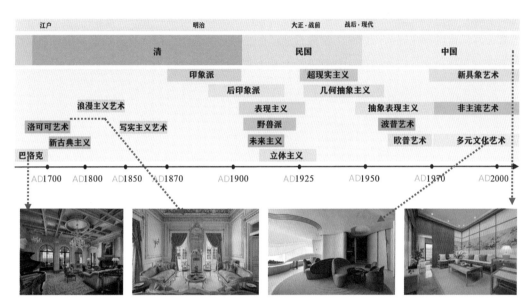

图 1.1.3　不同历史阶段的室内设计风格

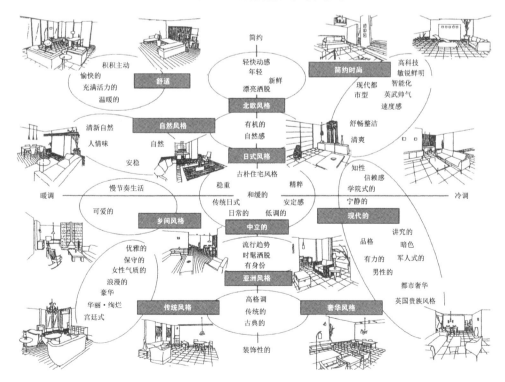

图 1.1.4　设计风格矩阵

4. 室内设计的目的

建筑的主要功能是遮阳、挡风、遮雨，避免外来的袭击，通过某种形式结构创造舒适安心的空间。室内是建筑的一部分，是建筑设计的继续和深化，是室内空间和环境的再创造。室内设计的目的是在满足人们居住、工作、娱乐等需求的前提下，将空间、技术和艺术相融合，创造一个在空间与时间维度上都能提供舒适度和幸福感的环境。

1.1.2　室内设计项目

室内设计是一个创造性地解决各种问题的工作，它面临的问题涉及功能、预算、结构、技术等各个方面，需要权衡诸多客观因素，并探讨设计实施的可行性。室内设计项目是综合的系统工程，具体的设计项目在实施过程中，需要投资方、委托方、使用者、物业管理、建筑设计、室内设计、电气设备、工程造价、施工实施、工程监理、材料供应等方面的参与者共同交流协作完成。各专业之间的协作关系如图 1.1.5 所示。

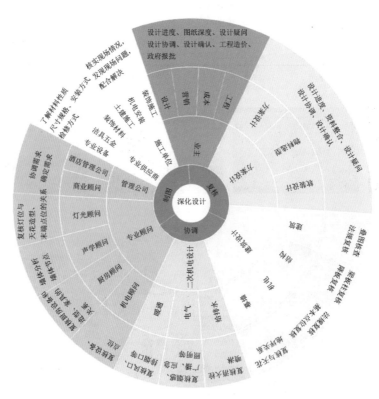

图 1.1.5　各专业之间的协作关系

室内设计专业需要培养整体与宏观的思维，将本专业与其涉及的其他专业协调，相互之间通过沟通、让步、改进的方法达成一致。

1.1.3　室内设计的工作步骤

室内设计工作通常可以分为四个阶段，即设计准备阶段、方案设计阶段、施工图设计阶段和设计实施阶段，本书主要完成前两项工作（图 1.1.6）。

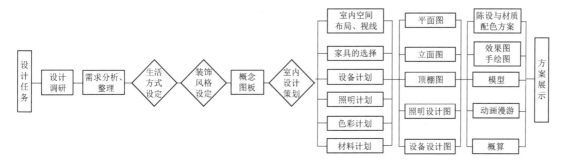

项目设计方法⊚

图 1.1.6　设计准备阶段和方案设计阶段

1. 设计准备阶段

（1）前期调研工作。设计师在接受一项设计任务后，需要进行各种资料和信息的收集调查，然后对调查结果进行分析、判断和研究，并提出指导性意见，为设计概念的形成和之后的设计工作提供充分的依据和支持。设计调研包含两个步骤：①收集整理各种信息；②对资料信息进行研究分析，并得出一定的结论，形成初步的设计概念。

1）确定调查目的。全面深入解读设计任务。常用"5W2H"问题分析法：在工作开展前提出 What（什么项目、什么功能、什么要求）、Who（什么人使用和管理）、Where（什么位置：周边大小环境的影响与限制）、When（时间的安排）、How to do（怎样做：工作主题意向的确立、通过什么途径达到）、Why（为什么做？为什么树立这样的工作意向？）、How much（经济与成本意识），把问题界定清楚，后续工作会变得顺畅高效（图 1.1.7）。

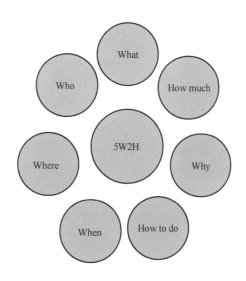

图 1.1.7　"5W2H"问题分析法

2）制订调查计划。调查计划是对设计调查目的的进一步描述，它需要落实具体的操作内容，如确定调查的具体内容、根据调查内容确定调查方法、调查报告的形式以及时间、人员和调查经费的安排等。

3）调查的实施。根据计划展开调查工作，通过读图纸、实地考察、现场测量、访谈、问卷调查、资料查阅等方法获得各种信息。工作内容包括：①对建筑物的风格面貌和功能特征等方面的了解；②建筑空间中各种细节的形状和尺寸的详细记录；③各种管道、风口、下水洞口等设施情况的标注记录，弄清图纸中各种水、暖、电、消防等管线设备的布置情况；④了解和分析建筑与空间特征，包括采光、通风、朝向、结构、格局等详细信息；⑤对建筑物所在的环境特征进行了解，并做一些影像方面的记录等。最后对调查的各种信息进行汇总，建立起建筑空间的基本形象，并根据调查情况完成相应的设计调查报告。

实地考察与现场测量的方法与注意事项详见第2.1单元。

同类设计项目的成功案例，需要通过专业书籍、网络等渠道收集整理。成功案例的实地考察、测

项目设计流程⊚

量和访谈也是非常重要的，可以获得现场直接资料、空间的体验与直接感受，再进行研究、分析、评价、吸收、利用。作为设计师需要专门培养二维、三维之间的转换能力，即通过现场信息绘制效果图、推导出二维图纸；通过书籍图片、图纸资料架构出空间的想象。测量得出的尺寸数据比理论数据更有说服力，也更容易记忆，因此及时在图上标注尺寸是重要的设计习惯。设计师对设计者、使用者的访谈，了解设计建构过程中双方的衔接沟通，以及通过实际生活的检验后，设计者和使用者对设计的评价和改进的提示，有助于进一步挖掘设计中存在的潜在因素。对于不同的项目，其设备、家具、陈设、色彩、材质、光影、绿化等信息，也可以分门别类进行分析。文字是设计的提炼与纲要，也是设计的有效补充，因此同类设计项目的调研，需要条理清晰、图文并茂地记录分析与总结。设计资料信息整理加工方法见图1.1.8。

如何整理调研资料，详见第2.2单元。

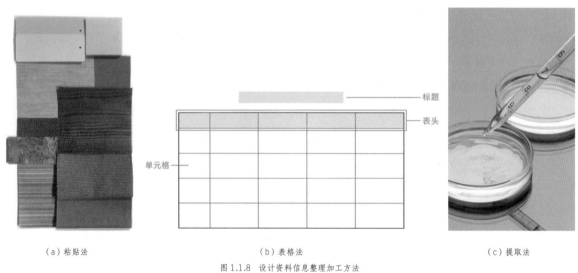

（a）粘贴法 　　　　（b）表格法 　　　　（c）提取法

标题
表头
单元格

图1.1.8 设计资料信息整理加工方法

对于案例中装饰材料的外观品相、性能特征、规格尺寸、适用场合、加工要点、品牌价格等信息，也可以通过材料市场或网络材料市场进行调研和梳理来获得。装饰材料与家具、设备、陈设、灯具等都是设计中重要的素材，作为设计师需要学会不断积累。

4）资料信息的研究分析。资料信息的研究和分析是设计调研的核心工作，它在前期调查工作的基础上展开，但有时两者也会形成穿插循环。如在调查资料的分析研究中发现了新的线索，或某些信息还需要更加充分和准确，都有可能需要进行一些新的有针对性的调查。这种针对性的调查，往往还会出现在以后的设计工作中，如方案或施工图设计等阶段。

（2）完成调研报告与设计策划。调研报告的过程是对调研工作所得到的信息进行进一步梳理、整合的过程，从中得到有用的设计素材、宝贵的设计经验，从而也在这个过程中不断酝酿、树立自己的设计。设计中的调研工作也是设计师积累专业知识与有效方法的过程，虽然没有在设计图纸上直接呈现，但作为设计师的专业知识基础，如同"冰山"基底，支撑并抬起设计方案之"冰山"这"一角"（图1.1.9）。

设计策划工作主要基于整体方案的设计，包括建立客户档案并详细了解客户需求；对设计项目进行深度理解，并在全面调研的基

图1.1.9 设计作品只是设计工作与设计师修养的冰山一角

础上确立设计主题并对其进行演绎；制定设计过程中的学习、工作计划（包括内容、时间、地点、人物、方式、每个阶段的问题与解决方式等），以及需要借阅参考资料（包括规范与基础类、专业类、专业拓展类）等内容。其中，最重要的是设计主题的确立。

> ### 📖 小贴士
>
> 如何整理客户信息与需求？（详见第2.3单元）
>
> ①建立客户档案，记录姓名、年龄、性别、职业、文化程度、经济情况等情况。
>
> ②记录客户的生活方式、兴趣爱好和审美喜好等信息。
>
> ③客户需求与其价值观密切关系，挖掘潜在的心理需求。
>
> ④如果空间服务于一个群体，需要进一步分析人事结构与每个个体的工作方式。
>
> ⑤通过观察和访谈深入分析判断扬和弃两方面的工作。

（3）确立设计主题，形成设计思路。主题是设计的主旨、中心思想，室内设计的主题可以从一幅画、一篇文章、一个物体、一张照片、一段音乐或者一个记忆片段中提取，先采用开放式思维进行天马行空式的搜寻，把灵感和思路记录在设计过程中，也可以带着主题进行调研工作。主题往往是比较具象可以描述的，但又不能太具象，也要具有概念性与抽象性，以便于随时随机转换为室内设计中的设计语言，用以表述特定的主题。确定主题后便形成了设计思路，这个阶段首先是把主题从整体的应用具体转向设计的每个部分，在此过程中需要对主题进行演绎，内容包括对主题元素的分析、扩展、变形、演绎以及应用到空间中的做法。形成的思路可用一系列的草案模型来检验，模型不具有实际功能性，它的作用是从空间上表现一个思路。它很像空间示意图，能把构思从二维平面中提升。在此阶段，设计师的工作将包括推敲质疑和解析已拥有的众多思路，依照项目概要做出回答，用立体模型来检验思路，考虑主要的设计原则，斟酌其他的可能性。

> ### 📖 小贴士
>
> 如何寻找主题、演绎主题？（详见第2.5、3.1单元）
>
> ①找到一个灵感原点，提取并记录。
>
> ②对其多方面的属性进行分析。
>
> ③采用自由联想或强制联想等方式对其中某个或某些灵感进行演绎，天马行空地放开创意思维。
>
> ④在创新演绎的形式中选取一些可以用于空间的形式。
>
> ⑤有针对地应用于空间。

2. 方案设计阶段

经过设计准备，时间工期、经济因素、施工技术、设计艺术等各种信息因素会不断对设计师产生多层次和多维度的刺激，呈现错综交叉的局面。设计师一方面要理清思路，不断探求更具价值的着眼点；另一方面通过对调研信息的回应与碰撞，借助经验和积累发挥想象力，就有可能激起灵感的火花，进一步构思立意，形成设计方案，方案包含空间的功能区域划分、设备的布置、家具与陈设的布置、色彩与材质搭配、照明形式多方面统筹与协调。图 1.1.10 从资料到初步概念。

（a）事项清单　　　（b）资料准备　　　（c）印象示意板　　　（d）初步概念　　　（e）风格提示板

图 1.1.10　从资料到初步概念

（1）初步方案设计。初步方案设计是在课前须知的基础上，通过草图推演的方式，逐步构建合理的平面功能布局的过程。草图阶段，会有多种方案构想，可以几条线路同时进行，再通过对比选择得到一种方案。草图是综合的工作，推演的过程是从抽象逐步形象化的过程，需要设计师发挥想象力的设计理念，想象力建立在对室内各细节的详细了解、广博丰富的知识以及敏锐的感知能力等源头上。草图创作过程中，空间功能区块划分、室内分区、平面功能（设备）布局、陈设设计等草图过程深入展开，每个过程都要周全考虑室内功能性、技术性、艺术性等方面内容，包括空间、细节、视线、环境、尺寸、性能、材料、形态、色彩、光影等方面的计划。在草图过程中仍然是不断接纳新的设计资料、素材、样本等信息，并不断完善。每个步骤都伴随着创新而又严谨的思考，整个过程是一个不断挑战和超越自我的过程。室内空间初步方案梳理见表 1.1.1。从草图到初步方案见图 1.1.11。

表 1.1.1　　　　　　　　　　　　　　室内空间初步方案梳理

内容 步骤	功能区块划分	室内分区	平面功能（设备）布局	陈设设计
空间计划	单元空间确定	空间的心理效果检查	各要素详细的布局	感觉
动线计划	人员活动线路	技能、效率计划	移动配置相关要素	效率
视线计划	各分区视线计划	主次视角方案	主要视线要素及调整	要素可视方法
环境计划	内外部环境衔接	采光、日照、通风等	设备的容量性能配置	操作便捷性
尺寸计划	总的空间尺寸	空间详细尺寸	空间尺寸结合实际调整	细节材料尺寸
性能计划	空间相关性能	室内空间相关性能	要素相关性能	材料施工方法
材料计划	可能的材料类型	构造计划	要素的成本计划	实施可能
形态计划	整体形态	室内空间形态	设计风格的确定	具体造型、形式
色彩计划	大配色调子	配色影响	主色、配色、装饰色	色彩与材料
光影计划	自然人工光源配比	人工光源模块	主光、配光、装饰光	灯具与色温

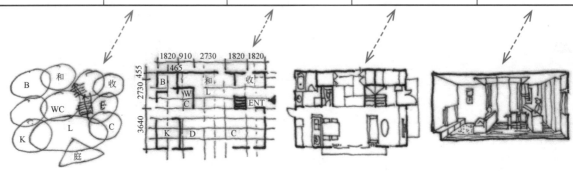

（a）功能区块划分　　　　（b）室内分区　　　　（c）平面功能（设备）布局　　　　（d）陈设设计

图 1.1.11　从草图到初步方案

（2）深入方案设计。对比选择最优化的方案草图并对其深入设计，绘制详细设计图，包括：①平面图（包括家具布置），常用比例1：50，1：100；②立面图，常用比例1：20，1：50；③顶棚图（包括灯具、风口等布置），常用比例1：50，1：100；④施工详图（包括节点详图、细部大样图以及设备管线图）；⑤透视彩色效果图；⑥装饰材料实样（墙纸、地毯、窗帘、室内纺织面料、墙地面砖及石材、木材等均用实样，家具、灯具、设备等用实物照片）；⑦设计说明和造价概算。

（3）方案的展演。如何通过最简洁有效的方式将设计的成果传达给委托人，并获得认同，是有方法和技巧的。主要通过设计的艺术表达与语言的精准表述来达到，展示的手段，包括模型展示、PPT展演法、样板展板展示、电子杂志展示、音频视频多媒体展示等多种方法也起到辅助作用，后面有单元详细介绍。

3. 施工图设计阶段

施工图设计阶段需要补充施工所必需的有关平面铺设图、剖面图等图纸，还需包括构造节点详图、细部大样图以及设备管线图，编制详尽的施工说明和造价预算。

4. 设计实施阶段

设计实施阶段即工程的施工阶段。在施工前，设计师应向施工方进行设计意图说明及图纸的技术交底；施工过程中，设计师要现场监督和指导，对于施工中出现的设计问题，要及时修改，并在图纸中做出修改标注；施工结束时，会同监理方和客户进行工程验收。

为了使设计取得预期效果，设计师必须抓好设计各阶段的环节，充分重视设计、施工、材料、设备等各个方面，并熟悉、重视与原建筑物的建筑设计、设施（风、水、电等设备工程）设计的衔接，同时还需协调好与客户和施工方之间的相互关系，在设计意图和构思方面加强沟通并达成共识，以期取得理想的设计工程成果。

1.2 设计师是怎样养成的？

1.2.1 室内设计师的核心能力

室内设计师的核心能力是可行的设计与有效的沟通，可行的设计通过草图、设计图、效果图等语言进行设计表现，设计表现主要动用感性与理性相结合的图解思维，要求锻炼培养动手能力；有效的沟通是指在设计的各个环节，通过与各环节的交流沟通接收信息，并通过语言的表述，表达出易于被接受的设计意图。设计表达主要运用逻辑思维，要求锻炼培养语言能力。因此，室内设计师最直观的核心能力可归结为"手"的动手能力与"口"的表达能力。

1. 如何提高动手能力

（1）能解读图纸。除了结构施工图纸外，对给排水（上、下水）工程图、采暖工程图、通风工程图、电气照明与消防工程图等也应熟练掌握制图、识图知识。这可以避免装修设计与土建设施发生冲突，能更周到地进行装饰设计、恰当地进行装修。能用相关软件绘制，或是熟练地手绘出符合国家规范的设计图纸和施工图。

（2）能手绘效果图。会画轴测图（定轴测轴和轴间角度）是画好效果图的基础。具备一定的素描、色彩功底，有一定的构图和造型能力，这样才能快捷准确地手工绘制出彩色效果图，把房间的空间感、质感、色彩变化、家具设备的主体感、光环境效果等正确地表现出来。

（3）熟悉装饰材料及其做法（材料的性能、特点、尺寸规格、色泽、装饰效果和价格等），才能正确地选用材料和恰当地搭配材料。对装修施工工艺要熟悉，以确保装饰装修的质量。熟悉建筑的基本构造类型，特别是对每种构造的优缺点、常用的结构方式等进行了解。

（4）熟悉人体工程学。第二次世界大战后，随着科学技术的进步、工业生产的发展和人们生活水平的提高，人体工程学迅速渗透到宇宙空间技术、工业生产、建筑设计以及生活用品等领域。建筑空间是人们的主要生活场所，其活动空间、空间装饰、家具陈设以及其他设施都是供人们使用的，要满足人们各种各样的使用要求与心理需求，以达到方便、舒适和合乎科学的目的，就必须以人体工程学作为依据进行设计。人体工程学既是建筑空间环境设计的科学依据和参考，又是评价室内设计好坏的重要标准之一。

 延伸阅读

- 刘盛璜，《人体工程学与室内设计》，中国建筑工业出版社，2004。
- 夏然，《情绪空间：写给室内设计师的空间心理学》，江苏凤凰科学技术出版社，2019。
- 黄信景，《九型人格识人宝鉴》，华夏出版社，2018。
- 黄信景，《不懂心理学 设计会抑郁》，华夏出版社，2017。

（5）掌握专业软件。设计人员应掌握一些常用的专业软件，如 CAD、3DMAX、Photoshop、SketchUp、Office、BIM 等（图 1.2.1）。在工程和设计中，计算机可以帮助设计人员担负计算、信息存储和制图等工作。用计算机对不同方案进行大量的计算、分析和比较，以决定最优方案；各种设计信息，不论是数字的、文字的或图形的，都能存放在计算机的内存或外存里，并能快速地检索；设计人员通常用草图开始设计，将草图变为工作图的繁重工作可以交给计算机完成；由计算机自动产生的设计结果，可以快速作出图形显示出来，使设计人员及时对设计作出判断和修改；利用计算机可以进行与图形的编辑、放大、缩小、平移和旋转等有关的图形数据加工工作。电脑辅助设计能够减轻设计人员的劳动，缩短设计周期和提高设计质量。

图 1.2.1　常用软件的图标

2. 如何提高表达能力

（1）仔细聆听、观察细节。结合项目的实际情况，在与客户交谈中，让客户充分表达想法，倾听、聆听对方的需求，根据客户语言、着装等细节推断出客户潜在的需求，在某些重要问题上达成共识，也为精准设计做好充分的准备。

（2）把握全局、充分准备。室内设计项目中多专业的协作性、系统性决定了设计工作要有整体观念，设计师对各方面、各环节工作精心准备、周密考虑，是客户对设计师产生认可度与信赖度的前提条件。

（3）特色鲜明、条理清晰。用语言补充说明设计特色、亮点，及其实现手段和管理模式。简洁清晰的语言表述让设计、价格、管理、服务等各方面的专业内容更有说服力，语言为设计起到有效沟通、画龙点睛、锦上添花的作用。

（4）备用方案、灵活应对。当客户对设计方案产生疑义或疑问，或在设计或施工阶段临时出现新的需求或情况，设计师要迅速洞悉并及时应对：在把握宏观的前提下，或者用语言陈述要害、分析利弊，矫正不利于项目的因素；或者有备用方案及时应对各种情况。

（5）微笑淡定、树立形象。全面深入的准备工作带给设计师自信，要以饱满的精神和清晰的思路对待客户。交谈时声音洪亮，避免语速过快或过慢，避免口齿不清；设计师也要注意自身形象，着装简洁大方有自己的特色，女设计师可以淡妆、略戴首饰，有平易雅致的职业女性气质。交谈时注意职业社交礼仪，眼睛平视对方，眼光停留在对方的眼眉部位，距离对方一肘的距离，手自然下垂拿资料，挺胸直立；平稳地坐在椅子上，双腿合拢，上身稍前。

延伸阅读

• 利蒂希娅·鲍德瑞奇，《礼仪书：得体的行为与正确地行事》，中国人民大学出版社，2012。

• 卡耐基，《演讲的技巧》，内蒙古人民出版社，2003。

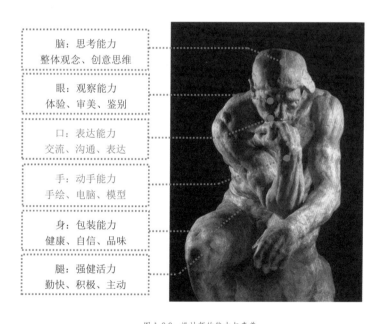

脑：思考能力
整体观念、创意思维

眼：观察能力
体验、审美、鉴别

口：表达能力
交流、沟通、表达

手：动手能力
手绘、电脑、模型

身：包装能力
健康、自信、品味

腿：强健活力
勤快、积极、主动

图 1.2.2　设计师的能力与素养

可以用罗丹的雕塑《思想者》来比喻一位成熟的设计师，他不仅具有强健的身躯，同时拥有深刻的思想与艺术的审美，如图 1.2.2 所示，他的脑、眼、口、手、身、腿全面发展，相互配合、互为表里地成就设计项目，通过设计服务提升专业能力、成就个人的职业素养。

1.2.2　室内设计师的综合素养

客户、协作者对设计师产生信赖，表面上来自专业能力，深层次来自设计师自身的综合素养。作为设计师，为人处世、待人接物、贴心服务等专业外围的能力及素养也非常重要，真诚替对方着想，设计工作才会达到双赢，设计事业才能有长久的生命力。

1. 设计师需要具备的素养

作为一种职业，职业道德的高低和设计师人格的完善有着很大的关系，决定一个设计师设计水平的往往就是人格的完善程度，程度越高，其理解能力、把握权衡能力、辨别能力、协调能力、处事能力等将协助他在设计生活中越过一道又一道障碍，所以设计师必须注重个人的修为。古人常说："先修其形，后练其品。"

设计师应该带着专业知识与审美眼光去发现问题；带着创新的工作精神与工作方法去解决问题；考虑社会效应，力求设计作品对社会有益，帮助人们获得更便捷、美好、幸福的生活。因此作为优秀的设计师，应该有自己的设计，寻求清晰的观点和独特的形象。

设计的提高是在不断地学习和实践中积累得来的，设计师的广泛涉猎和专注是相互矛盾又统一的，前者是灵感和表现方式的源泉，后者是工作的态度。好的设计并不只是图形的创作，它融合了许多智力劳动的成果。涉猎不同的领域，担当不同的角色，可以让设计师保持开阔的视野，让设计带有更多的信息。

作为设计师要学习了解民族历史和文化，了解建筑与室内设计各时期的风格特点与演变规律。有个性的设计，可能是来自扎根于本民族悠久的文化传统和富有民族文化本色的设计思想，民族性、独创性与时代性三者结合能让设计具备个性与魅力，地域特点也是设计师的知识背景之一。

延伸阅读

• 美籍华人贝聿铭的经典设计案例欣赏与文化融入设计的思想：《现代建筑最后的大师，贝聿铭（作品全集）》
https://mp.weixin.qq.com/s/CKzCip7TbVaDkEVf4DxA0Q（公众号：中国美术精选，2019-05-17）

2. 设计师整体素养的提升

设计师整体素养的提升，无非是与专业直接关联的"修业"与提高个人道德的"进德"两方面，都离不开一个"勤"字，勤于跑展览与现场、观察与阅读、记录与思考，用心用力积累并逐步转化为内功，并不能一蹴而就，尤其要注意从以下两个方面互为表里地共同提升：

（1）提升眼力、打开胸襟。练眼，看就是学。一是欣赏，提高自己的审美能力；二是分析研究，得出结论与方法。看的过程中锻炼空间想象力，能将三维空间转化为二维的图纸，也能将图纸在头脑或笔下转化为空间效果。也要锻炼"小能看大，大能看小"的能力，如《列子》中的纪昌学射，小的空间也有大气势，大空间也要考虑细节精微处。空间大小虽不同，设计的思路、方法、步骤却是类似的，对空间有这种观察控制的能力，就不怕遇到任何项目了。

（2）用力吸收、开动脑筋。练手，拳不离手、曲不离口。每天都要通过手绘练习训练造型能力与创新思维能力，不断提高手绘表达能力。练心，通过读书丰富知识、培养创意思维、提高涵养、提升境界。学习不能仅限于本专业，除了收集优秀作品案例之外，其他专业如建筑景观、雕塑绘画、文物摄影、诗歌戏剧、音乐舞蹈、文学电影、哲学历史等也应学习了解。所有的文化艺术都是相通的，融汇贯通地学习，都有助于使设计更深入地理解人的感情与需求，有助于提升设计能力（图1.2.3）。

图 1.2.3 读书拓展视野与胸襟（图书可以消除心灵的壁垒并让你飞得更高远）

3. 如何提升设计创意思维能力

（1）直接资料积累法。到大自然中去获取第一手资料。罗丹说："不是生活中缺少美，而是缺少发现。"设计师要锻炼自己观察生活的能力，处处留意观察生活，从生活中发现那些未被别人发现的事物、事件，从哪怕是极小的、不起眼的事情中也能发现美和获得创意。此外，还应勤动手记录，用简练的线条记录形象，用简练的文字做补充等。记录可以运用再现处理和主观处理相结合的方式。

1）再现处理是为了观察认识事物的自然特征。

2）主观处理。主观处理有两种方法：①夸张法，对形象的特点进行夸大，使其特征更加鲜明，更具个性。夸张，是在真实性的基础上运用艺术手法的结果，是真实性与艺术性的统一。②省略法，对形象去繁就简，省略无关紧要的细节和次要部分，保留主要部分，使其形象更具有概括力。省略法是对形象的浓缩和提炼（图 1.2.4）。

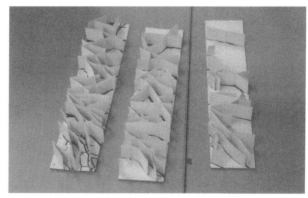

（a）生活中寻求素材　　　　　　　　　（b）设计的主观处理与再现处理

图 1.2.4 对素材的主观加工法

（2）间接资料积累法。间接资料包括书本、录像、幻灯片、照片、电影、电视、戏剧、传统艺术、民间艺术和现代艺术等，是对别人直接经验的吸收，以此作为学习的间接资料。如在色彩和造型设计中，从彩陶到青铜器、从石窟壁画到漆器装饰、从织锦色彩到古典园林建筑、从淳朴的民间图案到华丽的宫廷装饰及闻名的敦煌艺术、从中国绘画到印象派的色彩、从蒙德里安的冷抽象绘画到康定斯基的热抽象艺术、从拜占庭艺术到现代派艺术，其中有许多都是我们学习和借鉴的最好范本。从中认真研究它们的规律，必将丰富和拓展我们的造型方法和途径。

如里特维尔德设计的著名的"红蓝椅"和"什罗德住宅"，其灵感就是来源于蒙德里安"红黄蓝"抽象绘画，也可以说是蒙德里安风格绘画的立体表现（图1.2.5）。

（a）蒙德里安《红黄蓝构成》　　（b）里特维尔德"红蓝椅"　　　　　　　　　（c）里特维尔德"什罗德住宅"内外

图1.2.5　荷兰风格派设计应用

此外，音乐、文学也同样能给我们的设计间接带来启示。

音乐与色彩是相通的。人们常常形容优美的音乐具有色彩的美感，悦目的色彩具有音乐的节奏感。当我们在倾听《蓝色多瑙河》《春江花月夜》《二泉映月》等名曲时，除了音色、音量，曲子本身的节拍、节奏、和声、旋律等音乐语言构成优美的音乐外，还可以听出其中的色彩美来：听到高昂的音乐好像看到明亮对比强烈的色彩；听到低沉的音乐会想到深暗的重色调；柔和、优美的抒情曲可联想到某些浅淡、柔和的中性色彩。音乐与色彩产生的通感有着奇妙的艺术效果。在著名民乐《百鸟朝凤》中不仅听到优美的鸟语，仿佛还看到形体各异的鸟儿和色彩鲜艳饱满的羽毛。作为色彩构思的训练，可以通过听不同的乐曲，然后用构成中抽象的几何形和色彩来表达自己的感受，在欣赏与实践中反复体会并加以运用（图1.2.6）。

图1.2.6　从乐谱中得到一些空间设计的灵感

用文学语言来描述造型和色彩的案例也是不胜枚举。文学言词本身虽不具备可视形象，但它能给人以联想和想象，唤起形象的美感。历代文人对花吟诗、对山作词、对水作文，如"遥望洞庭山水色，白银盘里一青螺"，皓月银辉，其色调淡雅；银盘（君山）、青螺（洞庭湖水）互相映衬、相得益彰。"一道残阳铺水中，半江瑟瑟半江红"，江水在残阳的照射下，在泛起细小波纹的受光部呈现一片"红"色，背光部分呈现出深深的碧色，让人感到秋天夕阳的柔和、亲切和安闲。还有"日出江花红胜火，春来江水绿如蓝""赤橙黄绿青蓝紫，谁持彩练当空舞"等名句，其丰富性和形象性也为我们带来了相关的启示。

（3）发挥联想与想象。联想是由一事物想到另一事物的心理过程，具体可以称之为相似性联想，我们不妨用

"迁想状物""借迹造形""借形造像"来说明这一造形途径。"迁想状物"就是由甲事物联想到乙事物；"借迹造形"与"借形造像"则是在"迁想状物"的基础上进行艺术加工、创作或设计出新的形象来。由此及彼，触景生情，是艺术家和科学家都不可缺少的本领，是任何科学仪器都无法替代的。科学家和艺术家的联想都可能启发新的创造，如牛顿从苹果落地发现了"万有引力"，怀素观公孙大娘舞剑悟得了"狂草"，盖叫天在香烟缭绕中悟得了盖派武打动作等（图 1.2.7）。

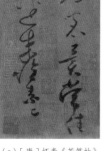

（a）[唐] 怀素《苦笋帖》　　　（b）[清] 任伯年《公孙大娘舞剑图》局部

图 1.2.7　不同艺术的通感联想

想象和知觉、记忆、思维一样，是人的认识过程，但想象和思维属于高级认识活动，明显表露出其特有的活动性质。想象能对记忆表象进行加工改造，故而产生新的形象，或对从未经历过的事物进行预见。可以说人离开想象就不能发挥创造力。特别是"创造想象"被称为"智慧活动的翅膀""创造活动的先导"，可见想象对创造性活动的重大作用。

设计师要做的，计算机基本都可以做到，唯有人类的想象，计算机是做不到的。因此，国外现代设计教育的主要目标是超越规矩、开发想象。据联合国统计，人类的大脑只开发了 0.5%，绝大部分没有被调动和利用。想象课在国际美术教育中被高度重视，训练方式大致有两类：模仿式想象和灵感式想象。前者鼓励学生根据面前已有的实物，如一块石头、一个旧电池、一只螳螂或一堆碎玻璃等，从抽象结构的观察中想象，创造另一个新事物，也可称为仿生想象；后者空无依据，但限制目标，发挥灵感任其自由想象。两者训练的目标都是为了开发创造力。不同的是前者限制想象的条件，不限制想象的结果；后者不限制想象的条件，但限制想象的结果。

（4）超越规则，勇于开拓。超越规则是改变一贯的做法，而不为任何已知经验和成规所束缚。美国的创造心理学家柏金斯曾举过一个例子：一般切苹果都是通过"南北极"纵切的，但他的儿子却沿着"赤道"横切，结果发现苹果中间有一颗五角的星形图案。这是孩子不知切苹果的"规矩"而无意发现的（图 1.2.8）。

克服心理"定势"，对于突破常规、开拓思维也很重要。"定势"是认知一个事物的倾向性心理准备状态，"用老眼光看新事物"就是一种定势。它可能使我们因某种"成见"而对新事物持保守态度。在审美态度方面，这一现象比较明显。如在 1851 年英国伦敦举办的万国博览会上，美国的实用展品遭到大半个欧洲的耻笑，几十年后才做出公正的评价。除此以外，物的实用性，即功能方面，也可能会有"功能定势"，也就是对物的功能有固定的看法，影响了它在其他方面功能的发挥。一旦排除这种定势的干扰，思维也会另辟蹊径。例如，用面包作木炭画的橡皮，用苏打饼干屑作水彩画的吸附剂，都可以说是一种开拓性的思维。

图 1.2.8　纵向、横向切开的苹果（换个角度看问题）

　　"美"作为人类精神心理世界的产物，也自然随着艺术家认识的不断变化而变化。印象主义由于受到光学的影响，画中完全避免使用黑色和深棕色。他们认为，物体和物体之间的空间，没有彼此孤立的轮廓线，只有光谱式的色彩间隔，故而印象主义的绘画进入了一个光色感觉的新世界，现代艺术从此开始。

　　同样，对于东方的艺术家，"借古"是手段，"开今"是目的。古人可师之处是基础，但重在能变化。能变化，才能"借古开今"。西方艺术也不可能是东方艺术追求的目标。在东西方文化的比较中，借洋兴中。东西方的文明毕竟是在相互借鉴和互补中趋于成熟的。如图 1.2.9 从传统建筑构件斗拱中获取设计源泉。

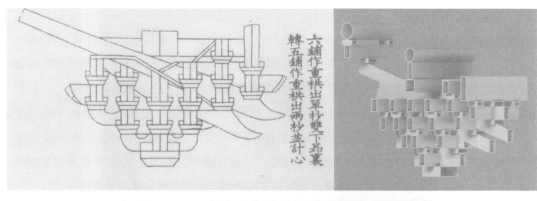

图 1.2.9　从传统建筑构件斗拱中获取设计源泉

具有超越规则的价值，就是伟大创意的起点。艺术不可能有唯一真理，它只在创造一个又一个标准，探寻一个又一个真理，因而艺术总是在不断超越中向前进。

1.2.3 室内设计师的职业成长路径

1. 成长路径

设计师成长路径：实习设计师 → 助理设计师 → 设计师 → 设计总监 → 创办自己的工作室（图1.2.10）。

（1）实习设计师。

1）运用专业知识与技能，辅助设计师完成力所能及的事，如量房、绘图、勤杂事务等。

2）接触项目、熟悉项目的运作、通过参与项目在过程中提升完善自己。

3）挖掘公司潜在的"宝藏"（即之前完成的成功案例），各种专业与专业辅助的书籍杂志。

认识设计师岗位◎

图 1.2.10 设计师的职业成长路径

4）多观察、多做事，在做中学，吃苦耐劳，少说话少评价。性格开朗责任心强，应具备良好的团队合作意识帮助你拓展人脉，结交工作中遇到的前辈与朋友。

学会自律①

（2）助理设计师。

1）这个阶段是实习设计师阶段的延伸，有所不同的是你已经通过企业筛选成为了正式的员工。

2）这个阶段最重要的不是好岗位、好薪水，而是选择在好的就业平台养成好的工作习惯，奠定未来职业生涯的基础。

3）全面学习的阶段，辅助设计师完成量房、绘制图纸、设计方案、制作设计图与效果图、选择材料、预算报价、施工现场的衔接等工作，在项目中通过实践的磨炼稳扎稳打地提升自己。面对大量的未知与探索，这个阶段最容易产生"瓶颈"或有"迷茫"的感觉，在困惑和艰难中需要做的是"坚持"，突破并战胜了自己，就能进入一个新的平台。

延伸阅读

- 文章《名企实习一年我学会 15 件事》（可通过百度搜索）。
- 文章《我的助理辞职了》（可通过百度搜索）。

（3）设计师。

1）全过程独立操作整个项目：熟悉项目设计流程，独立主导并承担大型项目的创意设计工作，指导、技术支持、深化工作。

2）独立完成概念设计方案，负责与客户进行沟通，精准地向客户阐述设计理念并让客户信服。

3）手绘能力强，并且熟练掌握专业软件。

4）具有优秀的设计能力和团队合作精神，参与或独立完成项目的平面规划、方案设计、提案制作、效果图和施工图审核。组织管理项目相关团队成员的工作，对项目过程中的各节点进行把控，协调方案变更。保证设计的整体质量与按时完成。

（4）设计总监。设计总监是在设计师的基础上具有更强的宏观意识和品牌意识，对市场需求能精准应对。具备良好的艺术素养与创意能力、协调能力与沟通能力、规划能力与指导能力、评价能力与分配能力。

（5）创办自己的工作室。当设计师的工作经验积累到一定程度，具备一定的条件时，就可以创办自己的工作室。具体如下：

1）职业经验。自己创业需要很大的信心和勇气，仅有专业技能是不够的，如果确定创办自己的工作室的这一目标，就要额外留心并积累运作管理企业的知识与经验，并做好面对一切困难的心理准备。

2）技能技术。项目的成功，靠的不仅是专业技术，而是很大程度上依赖于设计与客户之间的关系，因此沟通尤其重要，学会聆听客户的声音和需求，进而了解市场的需求，然后表达你有针对性的反馈与设计。

3）客户群体。在工作中慢慢树立自己的形象和口碑，客户会通过你意想不到的方式找到你。当然在激烈竞争的当下，自我推广与营销手段也是必不可少的，可以通过供应商、展览活动以及广告宣传（报纸、杂志、广播、电视、网络媒体等渠道），也可以通过在行业协会组织的活动中逐渐建立自己的声誉。

4）公司品牌。品牌展现一个公司的定位、服务、价值以及独特的优势。随着公司的不断运作，会逐渐形成自己的特色，并逐步放弃一些不适合公司优势所在的项目。

5）合理运作。企业家的素质是综合的，对外的拓展、对内的管理与组织，都需要强大的沟通与协调能力，并且需要付出巨大的精力来培植团队完成项目，积累成果。在企业运作过程中，尤其需要具备不怕挫折、擅长妥协与协调、解决棘手案例的能力。

 延伸阅读

• 岳蒙，《年轻设计师必修的七堂课》，辽宁科学技术出版社，2017。
• 岳蒙，《把整件事儿设计了才叫设计》，辽宁科学技术出版社，2020。

---

2. 设计师如何写简历和求职信

简历就是推销"你自己"的广告，概述你的个人情况，明确工作目标与方向的同时，还可以通过图片或者扫描二维码的方式展示自己的作品。内容应简洁明了、形式应美观大方，这些都会增加你的竞争力。一份高效的简历不会超过两页纸，最好把它设计成一页。由此可见，平时积累的文字能力、版面设计能力和专业设计能力，到关键的时候都能用得上。具体注意事项如下：

（1）知己知彼。写简历前，先明确个人的目标和定位，在圈定理想中的公司与职位。可以主动询问联系，在获得正式面试机会前，不妨先全面了解情况。

（2）扬长避短。即突出优势、弱化不足。注意采用积极肯定的用词，如"会""能""发展了""研究了""组织了""管理过"等。

（3）有的放矢。删繁就简、突出重点，列出关键性的工作经验和代表性的作品，针对用人单位的岗位，可以大胆自我宣扬，先是获得了机会，才可以进一步学习。注意简历内容仔细严谨、不可出现错误。

（4）出其不意。版面内容可以按照时间顺序排列，如个人信息、教育经历、证书、技能、奖励、爱好；也可以按技能进行分类，如技术专长、管理、团队合作、时间管理等方面技能。内容与设计均可以出其不意的方式给出，在众多的简历中脱颖而出，也让对方过目不忘，美观、创意、用心就显得尤为重要。

（5）附求职信。简历内可以附上求职信，注意礼貌用语，可以用更简短概括的语言写明自己的情况、对公司与职位的认识、自己对职位的强烈兴趣和足以胜任工作的专业能力（图 1.2.11）。

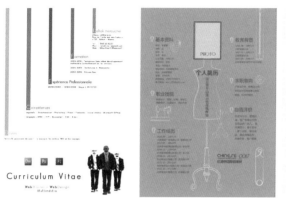

图 1.2.11　个人简历设计案例

1.3　设计资源有哪些？

1.3.1　图书资源

1. 本专业书籍

室内设计专业的书籍包括设计规范类、思维类、知识类、方法类、表现类等方面图书。如《室内设计资料集》（张绮曼、郑曙旸）、《室内设计　思维与方法》（郑曙旸）、《设计准则：成为自己的室内设计师》（[美]伊莱恩·格里芬）、《住宅设计解剖书》（[日]增田奏）、《住宅格局解剖图鉴》（[日]铃木信弘）、《室内设计风格图文速查》（高钰）、《软装设计师手册》（简明敏）、《室内设计师专用协调色搭配手册》（[英]艾莉斯·芭珂丽）、《室内空间设计手册》（[日]小原二郎）（图 1.3.1）。

设计规范◎

2. 相关专业书籍

相关专业书籍主要指其他艺术门类的图书，如城市建设规划类、建筑设计类、雕塑设计类、工业产品设计类、传统书画艺术类，技术门类等方面的图书。

（1）城市设计类。如《设计遵从自然》（伊恩·麦克哈格）、《城市营造》（约翰·伦德·寇耿）、《交往与空间》（扬·盖尔）等。

（2）建筑设计类。如《走向新建筑》（柯布西耶）、《在建筑中发现梦想》（安藤忠雄）、《建筑十书》（维特鲁威）、《建筑师的 20 岁》（安藤忠雄）、《建筑师成长记录：学习建筑的 101 点体会》（马修·弗莱德里克）等。

腹有诗书气
自华①

（3）园林设计类。如《学造园》（胡德君）、《园林景观设计 从概念到形式》（格兰特·W. 里德）、《中国古典园林分析》（彭一刚）等。

（4）设计学类。如《设计美学》（徐恒醇）、《设计心理学》（唐纳德·诺曼）、《设计中的设计》（原研哉）等。

图 1.3.1　设计必备的参考书

3.专业拓展书籍

专业拓展书籍主要包括史学、哲学、文学、美学等人文素养类书籍。

（1）史学类。如《长物志》（文震亨）、《园冶》（计成）、《工业设计史》（何人可）、《中国工艺美术史》（卞宗舜）、《中国建筑史》（梁思成）、《外国建筑史——从远古至 19 世纪》（陈平）等。

（2）哲学类。如《禅宗与道家》（南怀瑾）、《歌德谈话录》（歌德）、《艺术哲学》（丹纳）、《中国美学十五讲》（朱良志）等。

（3）文学类。如《红楼梦》（曹雪芹）、《平凡的世界》（路遥）、《百年孤独》（加西亚·马尔克斯）等。

（4）其他拓展类。如《如何阅读一本书》（莫提默·J·艾德勒、查尔斯·范多伦）、《审美教育书简》（席勒）、《生命是什么》（埃尔温·薛定谔）、《图解思考》（保罗·拉索）等。

1.3.2　电子资源

1.CAD、3D 模型图库

www.znzmo.com（知末网）、www.3d66.com（3D 溜溜网）、www.justeasy.cn（建 E 室内设计网）、www.om.cn（欧模网）、www.sketchupbar.com（sketchup 吧）。

2.设计案例与素材

www.cool-de.com（室内设计联盟）、www.gooood.cn（谷德设计网）、www.tuozhe8.com（拓者设计吧）、www.wonadea.com（达人室内设计网）、www.searchome.net[设计家（台湾）]、www.mt-bbs.com（马蹄设计网）、www.huaban.com（花瓣网）、www.houzz.com [houzz（国际版）]、www.yatzer.com（国际版）、www.annagillar.se（国际版）、www.cocolapinedesign.com（国际版）、www.architonic.com/en（软装类）、www.taobao.com（淘宝网）、www.ooopic.com（我图网）、www.ltfc.net（中华珍宝馆）。

（1）电子专业书籍。案例类设计专业书籍可以从淘宝网上购置 PDF 格式的电子书籍，海量经典、价格便宜。

（2）拓展类资源（电影、音乐、游戏等）。

1）推荐电影。

《大红灯笼高高挂》（导演　张艺谋）：不同使用者与其使用空间的关系（室内设计角度）。

《活着》（导演　张艺谋）：动荡背景下个体的命运以及活着的意义。

《霸王别姬》（导演　陈凯歌）：对艺术的艰苦付出与执著追求。

《城南旧事》(导演　吴贻弓)：特别的视角去观察生活。

《三个和尚》(国产动画片)：艺术语言的高度概括。

《巴黎圣母院》(1956 年版)：大革命背景下真善美，建筑上的宗教对比。

《罗马假日》(主演　奥黛丽·赫本，1953 年)：经典爱情片，电影内有意大利罗马城市景象与经典建筑。

《海上钢琴师》(美国)：对纯真与自由的永恒追求，豪华游轮的室内设计。

《小鞋子》(伊朗)：纯真的爱让世界充满阳光，人文关怀，伊斯兰风格建筑。

《天使爱美丽》(法国)：帮助他人实现梦想就是实现自己的梦想。

《美丽人生》(意大利)：乐观与爱的力量，造就美丽人生。

《阿甘正传》(美国)：人类美好情感的正能量，以及对这种价值体系的肯定。

《疾走罗拉》(德国)：罗拉快跑的精神激励了许多迷失和停留的人。

《穿普拉达的女王》(美国、英国、法国)：是一部适合每一个职场新人看的电影。

《裁缝》(澳大利亚)：新鲜、充满趣味，天真清纯。

《绝代艳后》(美国、法国、日本)：建筑、室内装饰、服装与绘画展现法国的洛可可风格。

《了不起的盖茨比》(美国)：美国下层阶级对上流社会的向往，服饰与音乐很有特色。

《坠入》(美国)：在现实故事中讲魔幻故事，充满想象力的电影。

《花魁》(日本)：根据同名漫画改编的电影，画面绚丽的视觉电影。

《生命之树》(美国)：生命的真谛，他理解了爱、美、善、真。

《入侵脑细胞》(美国)：想象力和美学是其电影的特色。

《死亡密码 23》(德国)：回归最原始的生活方式，回归快乐的时光。

《少年派的奇幻漂流》(美国、中国)：奇迹依然在被创造。

《蒂凡尼的早餐》(美国)：走出虚荣和虚伪，在平凡生活中找到幸福的故事。

《史蒂夫·乔布斯》(传记电影)：由一个天才生命中的冲突折射出的时代缩影。

《雷诺阿 Renoir》(传记电影)：印象派大师雷诺阿把苦涩转化成缤纷愉悦的色彩。

《疯狂的广告》(纪录片)：为当今的艺术、商业和人文感情带来了多样性和光芒。

《Helvetica》(纪录片)：纪念 Helvetica 字体诞生五十周年。

《草间弥生——无极》(纪录片)：你想要怎样的自己，就为自己铸造一个怎样的灵魂。

《建筑大师盖瑞速写》(纪录片)：展现了建筑设计的创作过程。

《Glenn Murcutt——空间之魂》(纪录片)：一位澳大利亚建筑师的建筑设计思想。

《城市化 Urbanized》(纪录片)：关于城市设计，探讨城市设计背后的战略及存在的问题。

《在某处》(美国)：可以看到酒店装修。

《年轻气盛》(美国)：可以看一下瓦尔德豪斯酒店设计。

《杀手没有假期》(美国)：里面有很多标志性的建筑和室内场景，如布鲁日钟楼等。

《斗牛》(导演　管虎)：黑色喜剧电影，让人思考自身的人性。

2) 推荐音乐。

《春江花月夜》(古筝曲)、《二泉映月》(阿炳)、《开悟》(巫娜)、《文王操》(成公亮)、《江河水》(闵惠芬)、《姑苏行》(俞逊发)、《隐形的翅膀》(张韶涵)、《夜空中最亮的星》(逃跑计划)、《我相信》(杨培安)、《一切如新》(万芳)、《We Are the World》(U.S.A. 群星)、《Moon River》(爵士乐)、《Fly Me To The Moon》(Angelina Jordan 爵士乐)、《You Are Too Beautiful》(爵士乐)。

3)推荐游戏：纪念碑谷、CS、找茬、我的世界、模拟人生 3/4。

(3)展览。中国国际家具展览会、设计上海、上海设计周、名家具展、米兰国际设计周。

1.3.3　网络资源

1. 专业网站与公共课程网站

中国知网(www.cnki.net/)可以搜索优秀的设计类杂志，如《装饰》《设计艺术研究》《艺术与设计》《Design360°》、《景观设计》《时尚家居》《室内设计与装修》等；中国大学 MOOC(www.icourse163.org)、智慧职教(www.mooc.icve.com.cn)等网站的教学资源让大学无边界，学生可以借用这些平台学习其他院校的相关精品课程；哔哩哔哩(www.bilibili.com)网站上提供了大量的文化类、艺术类和设计类视频资源。建筑设计公开课可选择清华大学、东南大学等高校的课程，配色方面，可听戴昆老师的色卡讲解；还可学习其他知名设计师的设计讲解或自行选择感兴趣的设计知识。

2. 专业公众号与知名微博、微信、抖音等

新浪微博：可以查找知名设计师吕永中(半木)、宋建徽、梁志天、高文安、琚宾、鬼手帕等人的微博。

微信公众号：建筑师杂志、搜建筑、中国室内、DOP 设计、陆俊毅设计现场、OLW 设计沙龙、设计目录、环球软装、雅蓝空间视觉、建 E 室内设计、新景观设计、新微设计、一条、展玩、故宫珍赏、上海博物馆、南京博物院、苏州博物馆、文博山西、浙江省博物馆、iMuseum。

抖音：环球设计 DesiDaily、CCD 郑中设计、孟也、壹品曹等。

3. 综艺节目

东方卫视《梦想改造家》、北京卫视《暖暖的新家》、中央二台(CCTV-2)《交换空间》、《全能住宅改造王》(日本)、《旧家新家》(韩国)等。

1.4　设计工具有哪些？

1.4.1　速写簿

速写簿是设计师最重要的工具，既是设计师学习工作步骤独一无二的日志，又是记录并孕育各种创意的珍贵档案。一本本的速写簿积累了设计师学习生涯与职业生涯的扎实脚步。

> 📖 **小贴士：用速写簿制作档案**
>
> 为每个项目制作一本速写簿，把和项目研究相关的设计参考资料和图片贴到速写簿上，这样做将帮助你存档关联创意，提升你的设计过程，最终提高你的设计效率与质量。

（1）记录：速写簿是非常实际的工具，你可以利用它来推敲想法、制定方法和实施步骤，记录研究数据。甚至靠它在设计过程中作出决定。先是收集参考图、文章、设计案例和照片，然后用时间索引的顺序把这些东西收集整理存档；你要培养注释的习惯，这能帮助你今后更好地利用参考资源。如果你在研究过程中形成自己的设计创意，你的设计作品一定会更有特色和超前意识（图 1.4.1）。

（2）设计标准：通过记录并积累，不久后你将会建立起一套自己的设计标准。标准是规范、设计创意的品质特征，它们对你的设计过程意义重大。在你作出设计决定时应该重视设计标准，因为它们可以帮助你把握创意重点，避免走进设计误区。

（3）绘制草图：速写簿在设计师探索创意时显得尤为重要，它包含了你最初的设计构思，帮助你形成自己的设计创意，并把激发你灵感的事物记录下来，一些在早期的初步创意可能会在接下来的设计阶段被采用。速写簿并没有规定的式样，也没有方法的对错之分。不要在一开始就太严肃拘谨，应该让你的创意自由运行。如果你不担心犯错误，你会惊奇地发现自己原来可以从中学到这么多东西并收获很多意外的成果。经常画速写或画草图能够帮助你快速形成自己的设计创意，要学会用空间示意图表达你的创意，它们能极大地引发创意，也能为草案模型做准备（图 1.4.2、图 1.4.3）。

如何用好速写簿 M

如何用好速写簿（草案实例）M

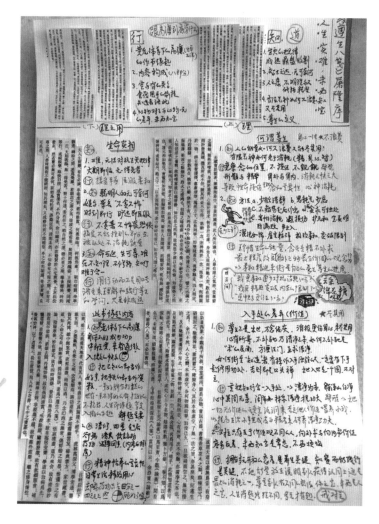

（a）空白速写簿　　　　　　　　（b）学习笔记的梳理（林曦制）

图 1.4.1　速写簿笔记

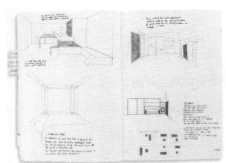
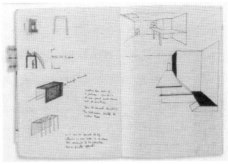
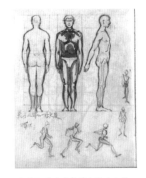

（a）一些设计构思　　　　　　　　　　　　　　　　　（b）记录人体尺度与活动方式

图 1.4.2　速写簿设计思维训练

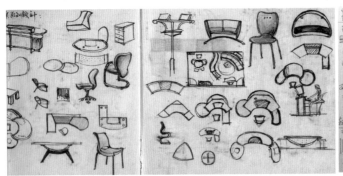
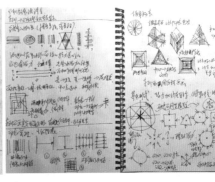

图 1.4.3　设计构思与记录

（4）粘贴资料：用视觉图片来激发并表达你想要的空间特征。将不同图片放在一起进行拼贴，能帮助你产生设计创意。此外，利用照片或你采集的拼贴图，将其中的色彩和材料作为自己创意形成的直接素材，从中发现你想要表达的元素和效果。

（5）参考资料：详细记录你的参考资料，并加上自己的注释进行扩充。参考一个范例或一种手法通常能帮你有效地解决一个主要的设计问题或处理类似的问题。

1.4.2　测量工具

测量工具主要包括卷尺、激光测距仪和测量记录本（图 1.4.4）。

（1）卷尺：用于测量小型空间、家具以及室内其他内含物尺寸、人体静态与动态尺度。

（2）激光测量仪：用于测量建筑部件以及内部空间尺寸。

（3）测量记录本：记录页面上有标格与比例，方便设计师定位并把握测量图纸的尺寸。

（a）卷尺　　　　　　　（b）设计师量尺专用本　　　　　（c）激光测量仪

图 1.4.4　测量工具

1.4.3 手绘工具

手绘工具主要包括针管笔、马克笔、彩铅笔、水粉水彩颜料、拷贝纸、绘图纸和橡皮等（图1.4.5、图1.4.6）。

图1.4.5 手绘工具和材料

图1.4.6 针管笔、彩铅笔与马克笔手绘效果图（邓文杰 绘）

> 📎 **小贴士**
>
> 怎样手绘效果图详见第4.2单元。

1.4.4 模型制作工具

模型制作工具主要有尺子、刀具、切割垫、卡纸、有机板、激光切割仪、黏结剂等（图1.4.7）。图1.4.8为用模型表达设计概念的案例。

如何用模型
树立空间感
觉 Ⓜ

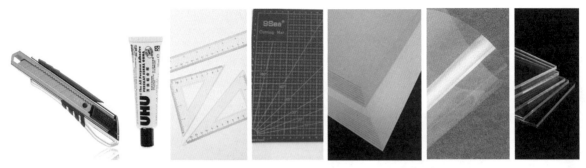

图 1.4.7　模型制作工具和材料

（a）激光切割仪

（b）空间概念模型

图 1.4.8　用模型表达设计概念

1.4.5　电子设备

电子设备主要有智能手机、iPad 和数码相机（图 1.4.9）。

（a）智能手机

（b）iPad

（c）专业数码相机

图 1.4.9　电子设备

1.4.6　电脑设备

专业的设计对电脑及其配置有一些具体的要求，选购时需要注意，尽可能满足以下配置，或选择更高配置。台式电脑：CPU AMD3600、内存 16G、显卡 GTX1660；笔记本电脑：标压的 i5 和 i7、内存 16G、显卡 1660；电子手绘板（图 1.4.10）。

> **💭 小贴士**
>
> 课后请准备以上所述的专业资料与工具设备，尽可能完备；下载安装专业软件，并尝试学习使用。

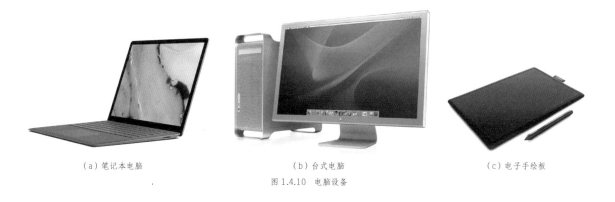

（a）笔记本电脑 （b）台式电脑 （c）电子手绘板

图1.4.10 电脑设备

课后训练

（1）通过各种渠道，自行收集一个完整的室内设计项目（包括方案过程、施工过程及其成果资料），尝试用自己的方式去整理它，用自己的语言去描述它，说说它好在哪里或还存在什么问题。

（2）请用你自己的方式（剪贴法、手绘草图法、电脑制作法、图表法或图文法）梳理室内设计的风格，并用语言文字归纳其美学特征与艺术手法。

课后思考

如何规划自己的职业生涯？

第2单元 设计准备

 学习目标

如何确定设计调研的方向和内容？

如何通过调研获取设计的有效信息？

如何在实地勘察中观测、询问、记录？

如何通过与客户实地交流获得更多设计指引？

怎样从客户要求出发考虑问题？

怎样建立客户档案？

怎样带着设计目标整理素材、分类管理？

怎样结合设计项目进行初步的思维加工？

怎样撰写调研报告？

如何制作项目策划书？

为何会确立这样的"主题"？

如何制定工作计划？

2.1 怎样进行设计调研？

2.1.1 调研的方向和内容

调研的过程是专业积累的过程，也是针对需求寻求精准设计方案的过程。设计方案的依据是建立在对各种现实因素深刻关注和细致分析的基础上，需要通过各种相关信息的搜集、调查和处理。设计调研包括两部分内容：一是各种信息的收集调查；二是通过对资料和信息的研究分析，得出一定的结论，并形成初步的设计概念。这两方面内容在工作中紧密结合，设计调研作为室内设计工作的重要环节，具有鲜明的工作特点和相应的具体方法。

2.1.2 调研的步骤和内容

室内设计调研的步骤：确定调查任务—制订调查计划—调查的实施—资料信息的研究分析—形成初步设计概念。

1. 第一步：确定调查任务

设计调查是直接服务于设计的，因此，需要明确调查工作能为设计提供怎样的支持、能做到何种程度等等，进行尽可能准确的预期判断，它根据室内项目的类型、特征、使用对象以及要求等情况而制定。调研内容主要包括：设计项目中普遍需求的调研，如在疗养院的室内设计中，对残疾人员的心理、生活和护理情况进行调查，是为了在功能和环境氛围等方面提出更有针对性的设计方案。同类项目优秀设计案例（包括方案类、成品类、现场类）调研，目的是借鉴他人的经验教训，同时可以避开他人优势特色，寻求到错位发展的自身特色；材料与技术相关内容的调研，就相当于厨师逛菜市场，根据甲方的口味和投资情况，寻求合适、恰当的原料。

如何设计调研 Ⓜ

2. 第二步：制订调查计划

调查计划是对设计调查的目的进一步描述，它需要落实具体的操作内容。如确定调查的具体内容、根据调查内容确定调查方法、调查报告的形式以及时间、人员和调查经费的安排等。调查计划的制订应该既有全面性又有针对性，前者有利于在实施上更具灵活性，能发现一些潜在的线索，尽量避免因信息调查的疏漏而重复工作，后者则能突出重点，避免干扰，从而提高效率。

不同室内项目的调研需要各有不同。如设计师对某些类型的项目有较多经验，以往就积累了很多素材和信息，当再次面对同类项目时，需要调查的内容就会较少；而对某些相对陌生的项目，就需要深入细致地展开对各种因素的调查工作。另外，要合理安排调研的时间，将其纳入到整个设计周期进行统筹规划。

3. 第三步：调查的实施

根据调查计划展开调查工作，通过访谈、问卷调查、观察实验等方法获得各种信息。

（1）访谈。包括人员走访、多人参加的专题访谈、电话采访和邮信咨询等。它需要把相关的调查因素转变为多个访谈咨询的问题，经过访谈对象对这些问题的回馈，就可以获得全面准确的第一手资料。如通过对项目业主的访谈，了解他们各方面的需求；通过邮信咨询，向与项目相关的设备供应商了解其产品的各种技术参数，等等（图2.1.1）。

（2）问卷调查。一般用于需要以大量人群的统计数据作为依据的调查内容，如在医院病房的室内设计中，就需要了解病人和医护人员对室内功能、色彩、光线等因素的需求，以满足治疗护理的需要。这项工作首先需要建构好问卷内容的框架，把各种调查因素转化为具体问题，力求能全面真实地反映调查内容。在这一基础上，确定调查对象、抽样法和调查数量，如在抽样方法上，是采用等距抽样、分层抽样还是随机抽样等。最后，对问卷进行汇总和数据统计。问卷调查的数据在统计结束后，可以通过各种客观的形式加以表达，如进行信息的图形化描述等。这一方法的特点有较强的技术性、客观性和代表性。

（3）观察实验。是对某种现象情形进行调查的方法，其中的观察包括直接观察、痕迹观察和行为记录等，实验则包括模拟实验等方法，其目的都是为设计工作提供充分的依据。如通过观察一些公共空间在同时间段的人流量情

图2.1.1 营造轻松的氛围
引导客户说出设计需求

况、了解空间的使用频率；通过观察不同工作空间的流线组织方式，了解不同行业的人们在工作中的行为特征等（图2.1.2）。

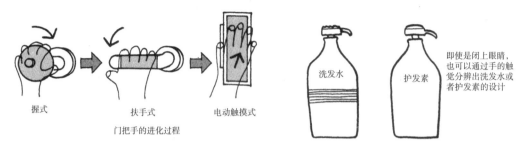

握式　　　　扶手式　　　电动触摸式

门把手的进化过程

洗发水　　护发素

即使是闭上眼睛，也可以通过手的触觉分辨出洗发水或者护发素的设计

图 2.1.2　对一些细节的观察与设计改进

4.第四步：资料信息的研究分析

资料信息的研究和分析是设计调研的核心工作，它在前期调查工作的基础上展开，但有时两者也会形成穿插循环。如在调查资料的分析研究中发现了新的线索，或某些信息还需更加充分和准确，都有可能进行一些新的有针对性的调查。这种针对性的调查，往往还会出现在以后的设计工作中，如方案或施工图设计等阶段。在调查工作告一段落后，设计师将各种资料信息进行汇总，对各种设计案例的共性、特点、创新点以及值得借鉴之处等信息进行归纳整理，分门别类地完成各项内容的调查报告。

（1）方案类。阅读他人的优秀方案，可以分别站在设计师、使用者、空间三个角度分析解读：①设计师的设计思路是怎样的？如何达到这一结果的？②使用者面对原始空间和设计改进的空间，会有怎样的评价？③假设由你来设计，你对空间还有更好的创意和诠释吗？设计师需要具有一种快速的分析解读借鉴的能力，快速了解他人需求的能力，善于提出问题、敢于质疑否定并提出更优化的方案的能力，这些能力就从一个个项目的学习解读开始积累。

方案名称："方圆之间，物我之外"东方禅意空间家装设计；面积：105m²；使用者：三口之家；喜好：中式风格、阅读。

设计说明：将本空间视为理想结构状态对其进行大胆的改动，形成一个由方形客厅、圆形餐厅、自由随机形书房组成的家庭公共空间，开合、动静、曲直对比统一，空间走线流畅；原卫生间太小，将其布局改造，合理利用空间满足使用；尽可能增加储纳空间，各储存柜外界面设计简洁洗练，营造素净的空间感受；凡人体接触面（如飘窗、床背、家具）均用实木质感装饰，温润舒适；空间色彩由浅色亚光实木色、白色、水墨浅灰构成，清新淡雅；光环境由简洁的点光源、光带形成整体基础照明，由局部装饰灯高低错落呼应形成重点功能照明；室内陈设用箧席、竹帘、棉麻面料、中国文人水墨画、小件瓷器、绿化植物装点，展现东方禅境，表达自然、素雅、质朴、优美的文人情怀及精神追求（图2.1.3、图2.1.4）。

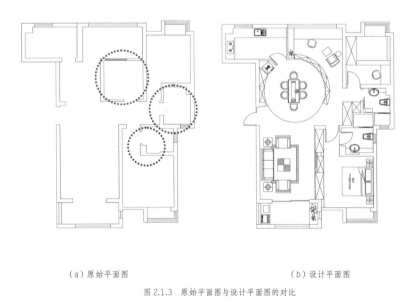

（a）原始平面图　　　　　　　（b）设计平面图

图 2.1.3　原始平面图与设计平面图的对比

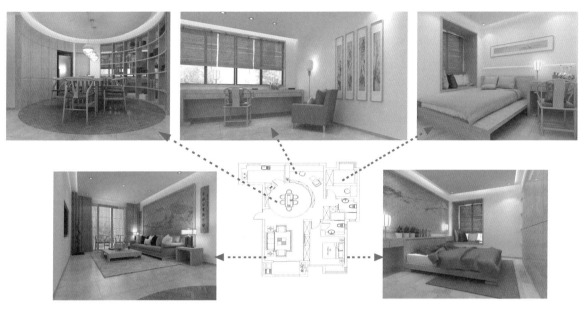

图 2.1.4 效果图与平面图结合起来研究，深入理解设计

（2）设计成品类。单位名称：常州西格空间设计有限公司；空间性质：办公空间设计；空间面积：230m^2；员工数量：12～16人；所处环境：常州运河五号创意街区，主打运河文化、工业遗存的保护、创意产业、常台合作，是艺术、设计、工业文明的集散地。本案处于创意街区内部旧工厂车间三楼（图 2.1.5）。

图 2.1.5 室内设计公司办公空间设计实地考察照片

专业教师带着学生到项目现场考察学习是必要环节，感受空间功能与艺术效果带给人的感官与心理感受，分析设计中采用的手法、技巧、艺术特色，实地测量合适的设计尺度与相关数据，了解材料、灯具、家具的搭配组合方式，感受室内设计师工作与学习的环境与氛围，了解他们的工作方式、分工，工作要求、强度等详细信息，一方面学会在全面深入了解某种工作特质与需求的基础上进行设计服务，另一方面能对将来的设计生涯有一个感性的认识。项目现场学习最重要的环节是全面收集设计资料，包括设计图纸、效果图、现场照片、现场测量、现场访谈与交流，虽然项目设计相关资料都可以收集到，但最好还是根据现场自己进行测量、分析和绘制，这个过程能够帮助初学者更好地把握住室内设计的具体内容，"纸上得来终觉浅，绝知此事要躬行"，只有通过自己观察、思考、践行所得的成果才是真正的学习成果。

根据考察单位给出的设计资料，详细地分析该项目设计的亮点、要点以及可供借鉴的部分。

1）接待区。满足不同人次、不同喜好的客户接待工作，同时也可作为员工交流区和临时培训区（图2.1.6）。

图 2.1.6 接待区

2）水吧台。解决空间分隔、工作区与接待区共同的休闲饮水需要。水吧台另一侧的会客区做跃层处理，二楼解决工作区、材料展示、便式餐厨等功能，使得原本不大的空间更具功能性、层次感与丰富性（图2.1.7）。

3）接待区与办公区的过渡空间。值得注意的是空间边角部分通过设计让碎片化的区域变得具有整体感，具备功能性的同时兼具美学欣赏性。灯光的处理层次丰富，几乎不放过任何重点，灯具本身也是室内美学要素的组成部分（图2.1.8）。

4）办公区。简洁素净但不简单，办公区域尤其注重自然与人工光的合理配置，空间高敞、空气流通，舒适度高。位置的配置注重独立与互动兼具，安静、安心的工作氛围是理想的工作氛围（图2.1.9）。

5）会议区。空间小而不局促，主要采用纯净的白色灯光，界面的虚实处理让不大的空间产生开阔空灵的效果，界面实体部分采用超白玻璃，有助于设计人员头脑风暴更好地激发创意（图2.1.10）。

图 2.1.7 水吧台

图 2.1.8 接待区与办公区的过渡空间

图 2.1.9 办公区   图 2.1.10 会议区

6）从室外看内部。环境给人以简洁而丰富、紧凑而开阔、温馨并有序的感觉。这个办公空间并不大，但设计以及设计中的功能配置、空间处理、色彩处理和光环境效果等方面的综合效果，为空间带来更大的实用价值与美学价值（图2.1.11）。

图 2.1.11　从室外看内部

7）跃层空间处理。原始层高不是很高，为避免压抑，设计中采用一些方法。如顶部造型与灯具造型简洁并保证照明效果柔和明亮；材质的界面采用一些虚空手法，如镂空或透明玻璃，以达到视觉上通透与延伸的效果，局部使用镜面产生扩大空间的效果；楼梯及其扶手采用架空的形式并采用带给人轻盈感的白色，不仅满足功能还弱化体量感。垃圾桶、劳动用具、雨具、冰箱、打印机等设备用具都暗藏在简洁的柜体内部，空间边角充分利用，并使得空间形象简洁洗练（图2.1.12）。

图 2.1.12　跃层空间处理

8）阅读区。在会议区与总设计师办公室外部，既是实用的员工学习交流区域，又是公司的专业文化展示。值得注意的是纵横界面的穿插处理，以及界面的虚实处理（图2.1.13）。

图 2.1.13 阅读区

通过对室内设计的优秀案例进行现场体验、参观、测量等学习，进一步收集整理它的设计效果图，结合现场测量记录、照片、效果图等资料，分析推导出该设计的平面功能布局图，这个步骤不仅可以训练学生在设计中对二维、三维的空间转换能力，而且也有利于培养学生将空间尺度、功能与美学巧妙结合的能力。图 2.1.14 即展现从空间效果到平面图纸的深入分析过程。

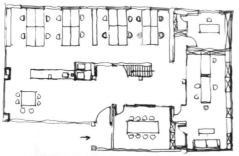

图 2.1.14 结合现场对设计方案进行深入分析

（3）现场类。包括材料市场与施工现场结合项目设计需要，调研材料市场和相关的施工现场能为设计带来新的素材与思路。材料市场包括线下实体材料销售商店和网络销售商店，装饰材料实体店的特点在于对材料的颜色、质地、尺寸等方面有直观感受与真实的体验。从销售模式特点来分主要有单纯罗列展示产品和情景体验式展示产品两类，考察过程中要抓住要点：一是注意装饰材料本身的性能价格、应用场合、施工要点等实际信息；二是顺便学习商业展示空间设计的手法；三是学习如何与他人交流，在交流中获取有益的专业知识和产品信息。这三方面都可以通过调研材料实体店慢慢积累专业素材与提升个人能力（图 2.1.15）。

材料表格化管理详见 2.4 单元表 2.4.1。

图 2.1.15 材料展厅（界面材料和灯具）现场考察

装饰材料的网络销售商店也是设计学习调研的有效途径，其特点是智能的大数据分析、推送海量丰富信息、分类对比快捷方便、价格清晰透明，缺点是产品虚拟没有真实的直观感受，可能出现与预期的偏差。因此实体店与网络店两种调研可以结合起来，各取所长，从设计课程学习阶段开始，逐步收集并形成设计师个性化的材料资源信息库（图2.1.16）。

图 2.1.16 某网上材料调研

施工现场的调研也是必要的，最好能找到手头设计任务同类的设计项目，如果没有其他相关类型的设计施工现场也可以。调研与参观过程首先要保证个人安全，尽量准备好安全帽、安全服装，先了解该项目的基本信息、设计思路、设计方案、施工图纸，在此基础上到施工现场进行深度学习，调研的核心是设计是通过怎样的技术手段得以实现，明确后可再进一步深入了解施工现场的分工、组织、管理等各方面工作的具体要求与相互衔接关系，了解这些内容，有助于设计师做出符合施工实际操作规律的设计（图2.1.17）。

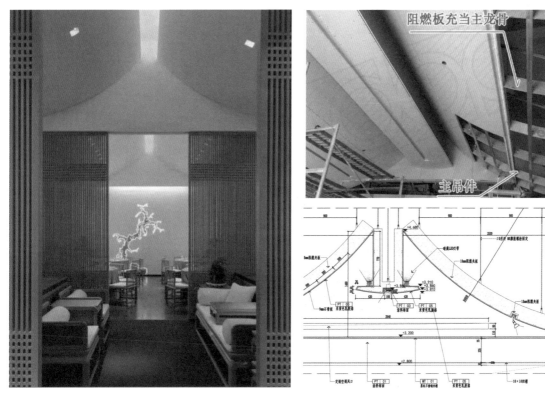

图 2.1.17 结合预期效果与施工图纸调研施工现场

5. 第五步：形成初步的设计概念

设计概念是指对项目的功能定位、风格类型、技术结构特征等方面的整体设想，它建立在对前期调研情况总体认识和把握的基础上，是进行方案设计的前奏。设计概念注重立意和主题的定位，具有一定的抽象性，但在方向和特征上应该是明确的。这种立意和主题定位，为之后的设计发展建立起基本的方向，因此，它是室内设计极为重要的内核。

设计概念的形成需要缜密的调研分析，同时也需要有良好的联想和创意能力。在设计调研过程中，各种信息因素会不断对设计师产生多层次和多维度的刺激，呈现出错综交叉的局面。设计师一方面要理清思路，不断探悉更具价值的着眼点；另一方面通过对调研信息的回应与碰撞，借助经验和积累，发挥想象力，就有可能激起灵感的火花，最终形成富有创意的设计概念。

设计概念的构思可以根据对项目的理解，从多个层次和多个角度展开，如功能特点、空间形式、地域文化、历史文脉、色彩光影、材料结构、艺术特征等。设计概念通常会以某种主题的形式体现出来，如注重生态的主题、反映地域特征的主题、渲染光影魅力的主题、强调空间结构的主题、揭示历史文脉的主题、强调技术因素的主题等。

设计概念的具体思维过程见第 2.5、3.1 单元详解。

2.2　怎样进行实地勘察？

2.2.1　实地勘察的目的

1. 便于设计师了解建筑的周边环境与建筑风格

设计师进行实地勘察有助于了解建筑周边的详细信息，如建筑周边的设施包括医院、学校、商场、菜市场等生活服务设施是否齐备；建筑周边的景观情况如何，能否借景或者是否需要增补设计内部景观；建筑风格与外观是否有特色，是否能给室内设计提供借鉴或支撑。

2. 便于设计师与业主实地交流

量房时，设计师和业主一般都会到场，如果业主对房屋的设计有一定的想法，在现场测量的时候，就可以和设计师沟通看这些想法是否可行，交流起来比较有效果。此外，业主如果需要提前订购主材，也需要现场和设计师进行沟通后再作决定。

3. 了解房屋详细尺寸数据

通过量房准确地了解房屋内各房间的长、宽、高的尺寸，以及门、窗、空调、暖气等所在的位置。

4. 了解房屋格局利弊情况

实地勘察应考量以下几个方面：观察房子周边现场和未来的噪声源，房子内可能产生噪声的位置与休息区的距离，决定解决方案。窗户的位置，日照时间是否过长或不足，如果窗户位置不合适将导致室内昏暗或温度过热过冷。了解不同季节气流的变化，分析不同季节空气的质量、温度、湿度、气味，对可能产生的问题，通过特别的设计去避免此类问题。通过量房准确地了解房屋内各房间的长、宽、高尺寸，以及门、窗、空调、暖气等的位置，不至于后期施工时因为尺寸不对而无法实现设计方案，需要进行设计更改或者项目更改。如果遇到一些房子格局或外部环境不好的情况，就需要用设计来弥补。

5. 为精确报价作好准备

精确的尺寸是精确报价的前提，在尺寸上准确并没有漏项，才能结合设计、用材以及施工手法作准作实报价。

6. 保证后期房屋装修质量

只有量房比较精确，才能设计准确，不会导致后期施工时因尺寸不准确而无法实施设计方案，而被迫进行设计方案的更改或者项目更改。一些项目如上下水、暖气、煤气的位置如果没有测量或者测量不准确，就有可能导致后期购买的坐便器、面盆等因尺寸不对而无法安装，发生退货、换货的情况。

2.2.2　量房具体方法与注意事项

首先要了解设计项目的基本情况，如项目名称和功能类型、项目地点和规模、等级标准、基本要求和设计周期等。如果提供相关的建筑或设备图纸，还需要仔细阅读图纸，了解建筑的方位朝向、基本格局、结构类型和形式特征，并结合各种平面、立面和剖面图，建立起建筑空间的基本形象。同时，弄清图纸中各种水、暖、电、消防等管线设备的布置情况。

接着进行设计调研的重要环节——实地勘察，了解现场第一手资料与信息。

1. 人员

设计人员须分为记录员与度尺员配合工作。记录与度尺为同一个人时，须重复核对两遍。

2. 工具

10m卷尺一把（或激光测距仪）、现场记录本一本、手机（照片或视频记录）、安全帽。

如何量房 Ⓜ

3. 要求

清晰、真实、准确和完整。

4. 内容

（1）位置：建筑开间、柱梁位置、门窗位置、配套设施位置。

（2）尺寸：距离尺寸、建筑件尺寸、水电气设施的尺寸。

5. 原则

先主要后次要，先全部后局部，先定位后细尺，先低后高。

6. 步骤

（1）记录员绘画建筑开间草图，务求完整，对关系设计中的每一个细部都要有详细标注，对空间中的某些细部可作详图解说。

（2）度尺员按工作原则进行度尺工作。定位尺寸与建筑件尺寸要有区分，一般由大门位置或柱身位置开始度量。

（3）记录员对完成度量后的记录进行数字复核，有误差和有遗漏的要求度尺员复度或补度。

（4）对建筑其他资料进行文字记录。包括建筑现状、建筑缺陷、外部景观、业主现场要求等。

7. 注意事项

（1）度尺摆尺要水平竖直，不能有起伏弯曲。

（2）度尺报数以mm为单位。统一读数方式，单读数字，读数时重复一次。

（3）记录员记录数字后，确认已完成记录，度寸员再度下一尺寸。

（4）记录员监督度寸员工作规范，发现问题要及时提出纠正。

（5）注意工作中的礼仪问题，不能随意破坏现场的建筑件，对有可能影响现场的度尺动作要请示业主，勘察工作完成后注意关好门窗。

（6）观察空间并了解现场隐患，注意自身安全。

8.图例规范

（1）同一垂直面的尺寸以"+"符号连续标注。

（2）横梁以虚线表示。

（3）暗埋管线以点画线表示。

9.整理测量结果

（1）进一步分析建筑结构、强弱电与给排水、烟道、空调室外机挂位的详细位置与尺寸。

（2）分析、理清空间组织与关系。

（3）用CAD软件详细绘制所测图纸，并用规范的尺寸标注与文字标注（图2.2.1）。

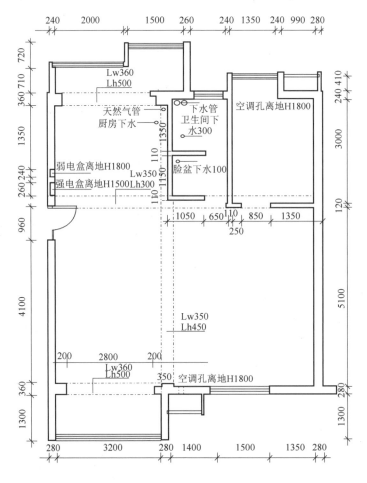

图 2.2.1　现场测量后的图纸绘制（单位：mm）

勘察测量并绘制图纸后，列出现场的信息，包括优势和受限的缺陷，关键部位采用相片或录像记录，同时考虑：你的客户是谁？他们想改造些什么？这种改造可能吗？如何实现？拿出一张纸把你的客户要求简要地写在上面。完成之后你就可以进一步制作客户档案了。

2.3 怎样建立客户档案?

　　了解客户的需求不仅仅是满足他使用功能的需求,虽然客户有自己的思路和愿望,但客户始终是一个门外汉——没有你的帮助他不可能让设计变成现实。所以设计师有表达客户的想法和满足客户愿望的职责,但这并不意味着他们要完全照着客户的要求去做,而是在了解、理解客户的基础上,从客户的要求出发考虑问题,并给出最合适、合理、合情的设计引导。建立客户档案描绘客户的需求、兴趣和生活方式,以及潜在的心理需求,能帮助你最本质地了解你的客户(图2.3.1)。

如何了解客户需求 Ⓜ

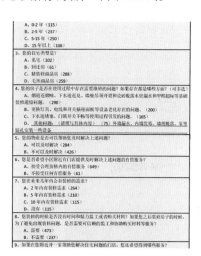

图 2.3.1　客户档案以及调研

　　客户有权并有责任在初始阶段指引设计师工作,但在最初的兴奋消失后,客户会变得保守起来,不容易接受新的想法。这时设计师需要向客户阐明新的思路可带来设计上新的可能性。保持对客户需求的敏感度,对维系设计师和客户之间的良好关系、保证项目实施过程的顺利显得至关重要。为了保持双方交流的顺畅和开放,最好和客户讨论一切预想好的筹备工作,这可以帮助设计师在得到认可后逐渐进入工作状态,避免走错误的路线或浪费时间。细致周全的调查能帮助你整理和确定客户的重点需求。

　　现在就可以开始制作客户档案。把客户的需求一一罗列出来,用时间表说明完成的时间和顺序。保留所有有关修改调整的面谈记录、务必请客户出席,让客户感觉充分参与其中。如有改变,还要告诉客户改变的难度和可能的结果,并请客户签字确认更改之处。这样做是明确设计师和客户的义务,以此避免今后可能发生的分歧和争执。给客户表达他任何空间设计的想象和思路的机会——当客户用参考图片表述脑海中自己的设计构思时,设计师可以借此研究客户的偏爱和原因。

　　研究客户的需求,找到一个真实的客户,不妨以课程老师为客户,不仅具有专业知识而且能帮助你把各方面工作做得更好。建立客户档案,记下年龄、性别、职业和经济条件等情况。也记下其他的客户信息,如生活方式、兴趣爱好等。客户的需求和他本身的生活价值观有很大关系。如果你客户是年轻、单身的职业人,他对生活方式的需求,肯定和来自小家庭的人不同。从客户档案中得出结论,开始设计工作。

2.4 怎样整合设计素材？

2.4.1 收集整理资料

1. 资料整理

对于通用的设计资料，可以分门别类建立资料袋、档案袋或电子文件夹，电子文件的命名尝试使用带有日期、文件完整信息以及版次的方式，便于检索。针对设计项目收集的资料可以以项目名称为单元进行整理，材料小样、专业杂志上裁剪的图片可以用粘贴归类的方式整理在速写簿或者收集在项目资料袋中，纸质的任务书、招标文件、原始建筑图纸、设计规范、前期资料等文件资料也编码以文件夹整理，电子图片、现场照片、图纸资料等内容整理在以项目名称命名的文件夹中。随着设计项目的推进，资料会越来越多，条理性、逻辑性等理性的、统筹的工作习惯和工作方法要逐步养成。同时要勤于积累、更新，及时整理，对设计素材了如指掌，查找和使用才能得心应手（图 2.4.1、图 2.4.2）。

图 2.4.1 设计过程素材文件资料夹

01 设计要求 02 参考案例 03 现场考察 04 设计图纸 05 效果文件 06 汇报方案 07 施工实务 08 项目总结

图 2.4.2 电子文件包命名方式参考

2. 资料加工

调研工作告一段落，主要采用分析与综合、判断与选择的思维方式对它们进行加工整理。

（1）分析与综合。分析与综合相对应，是理解思考各种资料信息的基本过程和方法。分析是把事物分解成各个部分加以考察的方法，综合则是把事物的各个部分联结成整体加以考察的方法。例如，在面对公共空间小众人群行为方式的各种信息时，既要进行某些个别群体特殊因素的研究，又要进行共性上的判断，以获得客观全面的结论。在车站、机场等大型公共空间的旅客通道设计中，就需要调查普通人与残疾人在这些场所的数量比例、活动特征和具体要求等信息。通过对这些信息进行分析和综合，才能了解一般通道和残疾人通道在长度、宽度、标志和相互关系等方面的需要，从而获得设计上的依据归纳在调查信息的研究中也具有广泛的意义。它是从个别或特殊的经验事实出发，概括出一般性原则、原则的推理形式的一种思维方法，对信息的有效归纳可以理清各种纷繁的头绪，抓住问题的主要环节。在室内设计调研中，合理有效的归纳是获得准确判断的基础。

（2）判断与选择。判断则是对事物情况有所断定的思维方式。根据对数据信息的了解，对调查内容作出基本判断，以获得初步的结论。选择是对客观事物的提炼和优化。在设计信息调研中同样如此，需要通过信息的分析对比，忽略掉不重要的部分，选择出对设计更有作用和意义的部分，为设计发展排除干扰并提供有效的支持。调研信息的选择应该周密慎重，应对其可能产生的结果进行预期的设想，分析不同选择的利弊得失，最后再作出决定。总之，在室内设计中，只有将各种相关情况全面展开调研，掌握各种信息，并进行深入有效地分析、判断和选择，才能探索出更加合理、更有价值的设计路线。

如何整合设计素材Ⓜ

2.4.2　撰写调研报告

1. 确立报告的大纲与框架

（1）题目。应以简练、明确的语句反映所要调查的领域、方向、对象等问题，题目具有概括全篇、引人注目的特征。

（2）前言（背景和目的）。背景介绍简要、切题，背景介绍一般包括一部分重要的文献小结。调查目的阐述调查的必要性和针对性，使读者了解概况，初步掌握报告主旨，引起关注。

（3）方法。详细描述研究中采用的方法，使读者能评价资料收集方法是否恰当。这部分一般包括地点、时间、调查对象（抽样方法）、调查方法、质量控制等内容。

（4）成果。对调查的内容进行梳理、整合、提炼后在调查报告上一一铺成展开。

（5）结论。用简明扼要的语言将论文的主要内容概括，切忌重复文章内容；语言应该准确、完整、精练，高度概括文章的主要目的和结果。

（6）参考。列出主要理论依据和相关的参考书籍，具体格式见文献综述中讲述的参考文献的格式。

（7）附录。是指用以补充说明的调研成果资料与论文有关的具有科学价值的重要原始资料和数据，如调查问卷、访谈提纲、各类统计表等都可以放在附录中，既有利于说明和理解调查报告，又可提供翔实的设计信息。

2. 整理调研报告的内容

调研工作虽然具有方向与目的，但调研的内容毕竟是按时间先后关系累积而得的。如何将经过整理的内容再进一步凝练，从感性上升到理性，从零散整理成"仓库"，并选择高度关联的内容撰写调研报告，还是有方法可寻的。如一个设计案例，我们可以用平面图把所有现场内容串联起来，并分析出调研案例的内在规律与参考价值。如调研的材料市场，我们可以按照材料的使用位置，通过表格化管理收集到自己整理的材料库（表2.4.1）。

表2.4.1　　　　　　　　　　　　装 饰 材 料 清 单

序号	类别	名称	品牌	规格/mm	单价	图片	施工要点	备注
1	地面	水泥砖	费罗娜	600×600	200元/m²		选砖→试铺→混合→扫浆→留缝→铺砖→擦洗→敲击→勾缝→清洁→成品保护	墙面也可以使用
2	墙面	……						

调研报告的形式多样，图文并茂是它的基本特点。作为设计工作的前期准备，越详细、越深入越有利于设计工作的推进，所谓"巧妇能为有米之炊"，"米"是首要且必要的条件。

3. 初步的思维加工明确设计方向与概念版

（1）概念板。在项目的早期阶段，通过概念演示帮助客户直观地理解设计构思的精神，演示方案需解释如何实现构思，它取决于客户和项目的需要。概念板可以是具体的也可以是概况的。概念板通过把设计构思放入一个有多种可能性选择的框架中来辅助解释项目的实施。

（2）创意输入。设计方案开始应该鼓励发散性的思维，设计师要对初步的设想保持开放思维，要不断否定旧的思路并不断尝试新的思路，在项目开始时冒出的创意思路通常能在后阶段产生有益的作用。

设计概念的具体思维过程见 2.5 单元、3.1 单元详解。

2.5 怎样策划设计工作？

2.5.1 宏观把握一个项目

项目策划从设计外围的调研工作、项目本身的实地勘测、客户需求访谈工作之后，回到项目设计工作本身，对设计工作进行宏观整体、全面深入的策划，在策划的基础上把握并推进具体的设计工作。策划工作通过策划书进行梳理和固化，策划书是一个项目最有创造性的起点，在此环节，问题被大量地引了出来，使用需求也被梳理出来，主要个体之间的关系也被确立下来，设计师必须通过项目策划书来分析、衡量和解释最复杂的信息。

策划包含策略和计划两个层面的意思，在策划工作中，主要解决现状、目标、主题、途径、思路、内容、人员和时间安排等诸多方面的考虑，也需要遵循"5W2H"原则，其工作重点一是体现设计工作思路与方法的工作计划，二是设计的主题也就是树立设计中心思想或者核心概念的工作，以下分别叙述详解。

2.5.2 制订工作计划

掌握明确的设计标准是首要的。通常设计师需要明确该项目所要遵循的设计理念和原则，所要求达到的效果，这意味着设计师从实际功用性的、审美情趣性的、环保生态性的目标出发，对自己的设计思路进行梳理和落实。具体的策划工作是采用推理逻辑的思路落实的，也就是基于什么原因、通过怎样的分析得到这样的工作思路，在此工作思路引导下，采用什么设计标准、确立怎样的设计目标，通过什么手段，遵照什么时间节点达到。

工作计划的内容范围包括项目内外所有相关内容和设计工作，时间范围为"从接受设计任务到完成设计项目总结"一个完整的工作闭环所计划使用的时间，人员包括甲方、乙方、团队工作人员，费用包括购置资料、工具、调研等开展设计工作的自备经费，合理的工作计划就是在相对限定的条件内，如何让人、财、物得到合理安排和利用，有效并圆满地完成设计工作。

2.5.3 树立设计概念

2.1 和 2.4 单元已经初步提到了设计概念的问题，这里需要联系起来看待，策划书所树立的设计概念，是在前期调研工作的基础上，全面分析设计项目的特质、需求与设计预期等各方面内容后所确立的整体的设计方向，那么在策划书中所需要表述的，是设计师怎样会得到这样的主题，也就是"主题"的来龙去脉，通过逻辑推演的方式，一步一步接近"主题"，这一工作过程中的阶段性"结果"，又将通过什么手法对该"主题"进行进一步的加工，并通过哪些手法将主题贯彻应用到空间设计中去。

具体的主题应用案例详见3.1单元的分析。

设计策划书并没有固定的格式，在撰写的过程中，可以按照"项目概要""现场勘测情况分析""客户需求信息""设计标准与原则""参照的设计规范""参考案例与参考书籍"、包含5W2H信息要素的"工作计划表""项目过程中的自评与互评"等内容。

如何策划设计工作Ⓜ

课后训练

（1）根据手头项目任务书要求，完成该项目的调研报告、项目策划书。

（2）准备设计项目资料文件夹，同时尝试架构自己的电子设计资源库。

课后思考

在设计准备过程中，遇到了怎样的困惑与问题，你打算怎样去解决？

第3单元　设计方案

 学习目标

如何为一个项目形成一个独特并具有核心竞争力的设计概念？

如何扩展演绎设计"主题"？

如何将设计"主题"贯穿到空间中？

如何使用思维工具完成平面功能布局？

如何通过借鉴他人设计成果提高自己的能力？

如何让室内空间的交通动线更流畅？

怎样组织空间让空间形态与层次更丰富？

界面如何解决实用功能？

怎样通过界面设计营造独特的空间效果？

怎样在空间中运用色彩？

怎样在空间中运用色彩？

怎样在空间中运用光？

怎样通过陈设设计为空间润色？

怎样制作陈设汇报方案？

3.1　怎样形成设计概念？

3.1.1　什么是设计概念

"主题"源于德国的音乐术语"主旋律"，后用于文学艺术，又扩大到艺术设计。在特定功能室内空间，主题会以文化符号、形象特征、特定氛围呈现，并为人们提供视觉形象并产生心理影响，设计主题与此密切关联，是设计立意、思想、情感、灵魂等设计内在意义的传达，须对潜伏在设计对象复杂现实中有意义的内容进行归纳并提取符号，成为主题形象的母形。

设计主题的母形，从物质层面可以通过变换、加工、演绎等创新设计的手法辐射应用到设计的各个方面，形成整齐统一而富有变化的空间形象与环境氛围；在非物质层面它凝练室内设计精神文明和文化内涵，将设计要表达的文化内涵直接传达给受众。

3.1.2　设计概念形成的方法

1. 确立主题

设计主题的来源的渠道是多元化的，表面上是出于某种灵感的偶然，而本质上却是理性分析和感性认识交织而成的必然，也可以说一半是取决于对项目全面深刻的理解与高度的概括，另一半取决于在前期资料准备工作中的思考与酝酿。因此，设计师不仅需要理性的逻辑推理分析能力，同时也需要学会很强的联想和迁移的思维能力，引爆灵感的导火索极有可能是一个偶然因素。主题（也可以说"立意"）的来源可以来自生活的细微之处，如一句话、一张图片、一个设计、一幅画、一段音乐、一种回忆、一个眼神等；也可以来自心动情处，如暗夜里的一粒星辰、打开心灵的钥匙；也可以来自清悟明了时，如照见内心的影子；也可以寄放到高远宏阔，形成一种希望、明亮的力量。确立主题的关键在于用心去体会和观察生活、精心静心地感悟和理解项目，使得确立的主题具有针对性、深刻性、新颖性，简明并集中地切中项目要害，直击对方心灵。

如何确立设计主题 Ⓜ

确立设计主题案例 Ⓜ

主题可以喻抽象的意义于形象，将深刻的情感寄托于简洁之中。可以参看一些案例，如何借鉴经典设计中的部分元素？如何在传统设计中找到某个切入点对其进行创新？如何分析某个具有创新理念的空间设计手法，得出一些设计元素成为自己的设计主题？如何从不同的艺术领域如插图、服装、产品、建筑等设计中找到一些灵感用于主题的确立与空间的设计？如何……？如何……？不胜枚举。

通过这些案例的分析，能不能得到一种创新思维过程的规律？具体的创新思路与方法又是怎样的？我们可以通过案例来分析并推演：

（1）根据已有参考图进行主题提取与思维拓展构思。可以在欣赏设计案例的过程中找到一些感兴趣的点，以此作为基本主题形象，采用发散思维的方式对其进行加工、创新改变，遴选并精选小部分合理地运用于自己设计的空间中，并彼此呼应，形成一种创新与特色，这就是主题扩展应用的一种方法（图3.1.1）。

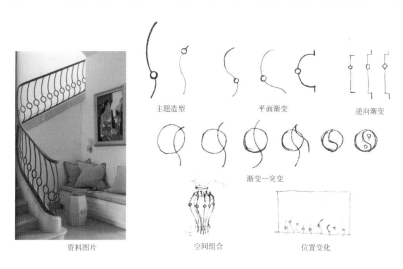

资料图片　主题造型　平面渐变　逆向渐变　渐变—突变　空间组合　位置变化

其他：色彩变化、材质变化、尺寸变化、角度变化等

图 3.1.1　主题形象提取与思维拓展训练

（2）从传统到现代的演变。可以从传统的建筑中提取一些装饰要素与设计手法，并从中找到共同的特质与规律，通过现代的设计手法改良，既保持了传统的因子，又展现时代的特征（图3.1.2）。

图 3.1.2　从传统经典案例中提取元素并进行创意

（3）由空间设计分解造型、寻找规律。一些创新的手法让平凡的空间变得与众不同、富有趣味，同时改善了原有空间的不利因素。我们可以通过解读空间内部造型设计手法，进行分解、分析，再通过重新组合成为一个新的设计，寻求到新的设计结果（图3.1.3）。

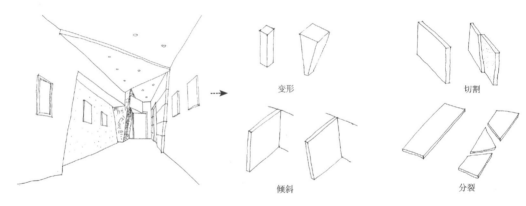

图 3.1.3　创意设计手法的分解

（4）从平面插图得到室内设计的灵感。多多地了解、关注其他艺术领域甚至是其他专业，任何领域上升到高处，"道"都是相通的。如几米的漫画《森林唱游》，附有想象力的造型与色彩营造出特别的意境和画面语言，画面具有音乐感、空间感，这种感觉也会帮助我们提升空间设计的创意性。物上设计张建武设计作品《逐光》在空间中使用了大的海豚装置，仿佛在空间、空气与光中漫游，与几米漫画达到异曲同工的意境。两件作品之间是巧合还是后者对前者恰巧也有借鉴，虽不得而知，但为设计学习者提供了一些主题、创意、借鉴方面的启示（图3.1.4）。

 延伸阅读

• 张建武室内设计作品《逐光》，https://mp.weixin.qq.com/s/vZjQr1CdmVsDjFEk7ImKoA

（公众号：中国室内，2020-06-30）

图 3.1.4　不同领域的创意借鉴

　　图 3.1.5 为主题创意公式，它与美国著名现代主义建筑大师赖特的一句名言不谋而合："抓住一个想法，戏弄之，直至最后成为一个诗意的环境。"创意公式中的"素材"就是一个最初的想法，是一个初衷、原点、中心，在此基础上不断变动，形成新的形式或组合。前面提出了"主题"素材的来源，接下来我们可以看一下具体的创新方法，如图 3.1.6 所示，打散重组是常用的手法。

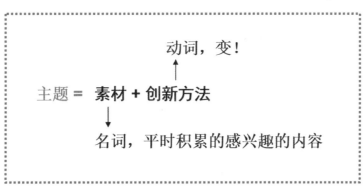

图 3.1.5　主题创意公式

（a）原始状态　　　　　　　（b）打散状态　　　　　　　（c）重组状态

图 3.1.6　打散重组

　　还有更多其他的创意方法，比如检核表设计法是美国人总结出来的工业设计创意方法，也可用于室内设计，室内设计专业的人员需要有一种借鉴的能力，善于从不同的领域获得灵感、寻找到可以突破原有经验与固定思维的元素、方法以及渠道。上海某个小学推广的小学生创新思维训练，就非常精炼而有效："加一加，减一减，扩一扩，缩一缩，变一变，改一改，联一联，学一学，代一代，搬一搬，反一反，定一定。"设计师不妨拿来训练自己的设计思维能力。表 3.1.1 为室内设计中对检核表设计法的运用。

表 3.1.1　　　　　　　　　　　　　　　室内设计中对检核表设计法的运用

序号	方法	内　容
1	转化法	这个空间或家具、装饰物配件等有没有其他可能的用途
2	适应法	有别的设计与自己的构思雷同吗？从自己的设计可以联想到别的作品吗？
3	改变法	变换一下空间中某元素的形状、色彩、材质、光影等因素，会有什么样的结果？如墙面、地面或窗帘设计的改变
4	放大法	将尺寸进行扩大、附件加以增添、分量进行增加等等，如延长接待台或某个造型的长度、提高吊顶的高度、将通道进行拓宽等
5	缩小法	把某一设计元素变小、变短、浓缩，会有什么结果？
6	替代法	有别的东西可以代替这里的设计吗？在材料、成分、结构、过程、方法或局部上可以进行更换吗？如可以用玻璃替代木材或金属材料吗？
7	重组法	区域色彩互换、材料互换、部件互换、因果互换、程序互换，会产生什么样的结果？如地面材料用到墙面、先设计家具再考虑界面和空间
8	颠倒法	正反颠倒、互换位置，把某些照明灯具安装到地面会怎么样？
9	组合法	将不同的东西组合在一起，如将不同的功能组织到一个空间中去，将多个风格或功能的家具组成一件新家具等

 延伸阅读

- 迈克尔·勒威克，《设计思维手册：斯坦福设计创新方法论》，机械工业出版社，2019。
- 蒂姆·布朗，《IDEO，设计改变一切》，万卷出版公司，2011。
- 加文·安布罗斯，《设计思维：有效的设计沟通和创意策略》，中国青年出版社，2010。
- 刘旭，《图解室内设计思维》，中国建筑工业出版社，2007。

2. 以形象化语言表达主题

这部分内容用几个设计案例来说明。

案例一：江苏省常州高级中学 110 周年校史馆设计。

通过对校园核心文化的深入解读，由"意"生"形"，作为设计的概念性"主题"，再扩展造型，在设计中以"形"表"意"，又全面指向设计"主题"。解读校训意义并用简洁的形态概括意义，确立了以方圆为设计形态要素，"天圆地方，智圆行方"的空间设计主题；提取校标的主色调并以此作为校史馆的装饰色；形成俯视、平视、仰视综合立体的展示方式，以解决局促空间展陈大量史料的矛盾，又采用这种方法达到"仰慕"的心理效应（图3.1.7～图3.1.9）。

案例二：原点创客办公空间设计。

寻求意义，树立名称，创客空间是背包客创业的起点，因此起名为"原点"并由此"圆形"作为设计主题，在处理圆形的过程中，加入"鱼"的理念，表示自由、鱼跃龙门的吉祥意义，根据名称的构思，先设计 LOGO，再扩展应用到整个空间（图 3.1.10）。

■ **存诚** ⋯⋯▸ 待人真诚 ⋯⋯▸ 品行的端正、内心的方正 ▸　　方

● **能践** ⋯⋯▸ 做事踏实 ⋯⋯▸ 智慧的圆融、行为的周全 ▸　　圆

设计主题、中心思想、主要形象 ▸

图 3.1.7　从校训"存诚，能践"解读并以抽象的形态为代表

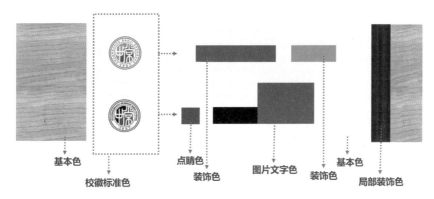

图 3.1.8　从校标色彩中提取标准色作为空间的装饰色

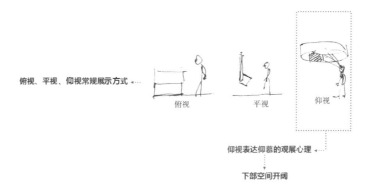

图 3.1.9　组合立体的展示思路

图 3.1.10　原点创客办公空间的 LOGO 设计演变方案

案例三： 仙姑村"乡村客厅"设计。

仙姑村的仙姑给人以衣带飘飘的仙气印象，当地美食飘散出气味悠长的香气，茅山自然风景给人以山美水长、云环雾绕的云气，以及茅山道教旺盛的香火气，所有这些"气"形成了轻快灵动的设计主题形象，对这一设计主题形象进行变换、加工和演绎，采用创新设计的手法辐射应用到乡村建设的各个方面，以独特、适配、自然和优美的设计成果呈现，形成具有独特风貌的村镇形象（图 3.1.11）。图 3.1.12 为村标及代表村内各功能的辅佐村标的圆形变体篆字。

衣带飘飘的仙气　　山美水长以及云气　　香火不断的烟气　　滋味悠长的香气

图 3.1.11　抓住乡村的特征并归纳得到主题形象

图 3.1.12 村标以及代表村内各功能区的辅佐村标的圆形变体篆字

3. 扩展主题并应用到空间

作为设计符号的主题形象，应有机结合空间各组成部分需要传达的意义，及其具体的空间形态、界面特征和家具要求，并将其进行演绎变化和创新应用。主题形象的变化方式、变化程度、变化规则是主题演绎的主要方法。变化方式是通过设计对象的属性（如尺寸、色彩、材质、形态、结构、位置、虚实、光影等）进行分析，对其中一种或多种进行变化或组合，就形成新的形式；变化程度有渐变与突变两种，其结果分别给人以弱和强的对比感受；变化规则即符合美学法则，使其最终达到节奏韵律优美、疏密虚实得当、比例尺寸适度和色彩光影和谐的效果。下面以三个案例来分析说明。

案例一：江苏省常州高级中学 110 周年校史馆设计。

江苏省常州高级中学校训"存诚、能践"，可以阐释为内心品行的方正、智慧行为的圆融，由此确定校史馆设计主题为"方圆"。"天圆地方"是中国传统宇宙观，"智圆行方"是传统文化中个人修为的理想境界，也暗合了学校的教育理想。方与圆通过变化、虚实、关联、映衬、框景等空间处理手法，创造出虚实相间、高低错落、趣味盎然、富有活力的空间形象。在校徽上提取青与蓝，淡化、雅化后运用于室内，形成暖色调的历史厅和浅蓝色调的现代厅，既对比统一，又变化协调。以校园文化提炼设计主题，以无形统摄有形，以有形映照无形，树立中正宏大的格局气象。架构好整体空间，在设计细节上，从中式传统经典如学府建筑的门头样式，江南园林窗洞样式，传统书画条屏、长卷等样式中提炼、简化、抽象、演绎，对门头、单元题头和排版构成进行设计，创新处理中式元素并将之运用在展项内，给人以优美协调、富有内蕴的感觉。展厅采用星空顶寓意学校人才济济、星光灿烂；校友廊采用云空顶，与廊外风景融合，寓意胸襟开阔、云淡风轻（图 3.1.13、图 3.1.14）。

图 3.1.13 校史馆内部空间对设计主题的应用

图 3.1.14 群贤廊与门洞门头的设计是对主题精神的深度贯彻

案例二：原点创客办公空间设计。

原点创客办公空间设计效果见图 3.1.15 ～ 图 3.1.18。

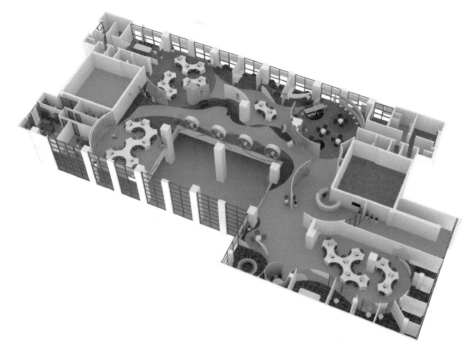

图 3.1.15 创客办公空间轴侧图

图 3.1.16 中庭仰视效果

图 3.1.17　室内空间（办公区域）效果

（a）门厅

（b）卫生间

图 3.1.18　室内空间效果

案例三：仙姑村"乡村客厅"设计。

"乡村客厅"包括展示村史文化的村史馆和展示特色民俗风物的非遗馆，在一个院落内又彼此独立，因此将同一种主题扩展出两种形式，同而不同。村史馆展示设计在空间形态上将主题造型元素变换应用到空间，让图、文、实物、媒体技术巧妙地融入云雾缭绕的"仙气"造型与氛围中，形成开阔、优美、轻盈、独特的视觉形象。随着展示内容与空间流线的推进，"气"的造型也结合着内容发生变化，从墙体界面延伸到顶和地界面，使得天、地、墙界面因造型的连贯而产生模糊的空间感受，更烘托出仙境般的艺术氛围。非遗馆将主题造型放大，顶上形成大的云的形态，地面采用双色拼接的方式代表"山水"，并以同样的造型与顶部呼应，空间隔断用竹子排列形成虚隔断，既组织了空间与观众走线，又形成了自然而有序列的设计感，请村里传统手工艺土灶瓦作匠人在此空间边角位置手工堆起一个土灶，上面展示传统厨房用具与村里特色咸货腌制品。此空间所有展具、家具均选用乡村常见常用旧家具，形成质朴自然的氛围（图 3.1.19、图 3.1.20）。

图 3.1.19　仙姑村村史馆概况与村落风景长卷的结合效果

图 3.1.20　仙姑村非遗馆质朴材质表现主题的室内效果

3.1.3　设计概念形成的注意事项

由以上概念性主题设计案例的形成过程可以得知，在设计概念阶段，我们的思维方式是"放"，即是从一个原点发散开来，形成很多具有关联性的各种可能，然而所有扩散出的创意放到一个设计内，容易产生散、乱的结果，因此，在应用过程中又要敢于大刀阔斧地删除、精减，这个阶段的思维方式是"收"，即理性的审视、判断、选择，从而做到重点突出、主次分明。符合美学法则是关键，保证在同一个设计项目中主题元素之间的呼应协调、相得益彰。

3.2　怎样进行平面功能设计？

3.2.1　认识平面布局

室内设计的平面功能布局针对已有建筑物进行，其任务是分割总平面图，划分出固定的空间，将使用需求合理配置到现有的建筑空间中。平面功能布局图的设计是室内设计的基础与核心工作，可以帮助设计师作出设计决策并高效率地完成设计任务。掌握设计方法，应当从读懂一张平面功能布局图开始（图 3.2.1）。

平面功能布局图帮助我们用俯视的视角，从整体观察空间分布概况。结合图纸，可以思考以下问题：哪里是敞开的公共区域？哪里是私密的区域？空间行进路线是什么？哪里可以停留？哪里是活动区域？不同空间应满足什么需求？这些问题理清楚之后，可以进一步思考：这些功能区域是如何设定的？他们又是遵循怎样的法则？采用怎样的方法形成这种序列和关系的？解决完这些问题你就学会了平面功能布局工作。

通过观察思考，我们可以归纳出平面功能布局包括"功能""布局"两大要素。"功能"是从调研需求和设想未来需求模式得来的，"布局"主要通过对"功能"合理的组织、安排而形成的交通流线、动静关系、空间形态、使用效率等方面。具体而言，平面布局图所包含设计要素有墙体、门等建筑要素，设备设施等非建筑要素，空间要素；由设计要素界定的空间，相互的关系和位置：相邻空间在地理上的区位关系。

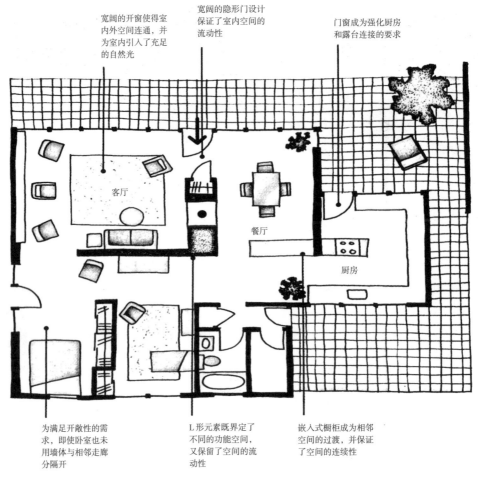

宽阔的开窗使得室
内外空间连通，并
为室内引入了充足
的自然光

宽阔的隐形门设计
保证了室内空间的
流动性

门窗成为强化厨房
和露台连接的要求

客厅

餐厅

厨房

为满足开敞性的需
求，即使卧室也未
用墙体与相邻走廊
分隔开

L形元素既界定了
不同的功能空间，
又保留了空间的流
动性

嵌入式橱柜成为相邻
空间的过渡，并保证
了空间的连续性

图 3.2.1　平面布局图

3.2.2　平面布局分析

1.使用需求分析

（1）人的基本需求。1943 年美国心理学家亚伯拉罕·马斯洛在《人类激励理论》中提出，人类需求像阶梯
一样从低到高按层次分为五种，分别是生理需求、安全需求、社交需求、尊重需求和自我实现需求。景观建筑师
迈克尔·劳里将人类心理层面的一般需求分为五组：社会需求、稳定性需求、个人需求、自我表现的需求和自我
提升的需求。

 延伸阅读

• 亚伯拉罕·马斯洛，《动机与人格》，清华大学出版社，2020。

认识这些需求，能够帮助我们设计出更适宜的环境。由于个体的差异导致需求的不确定性，设计师只有全面
了解设计的目标并提炼出精准的关联信息，才能作好设计决策并完成设计方案。探寻设计需求可以从分析人们在
环境中的行为习惯入手，它隐含着空间功能需求（表 3.2.1）。

表 3.2.1　　　　　　　　　　　　　　　　生活中常见的行为习惯

行为	站	坐	走	跑	移动	躺
思考	√	√	√	√	√	√
阅读	√	√				√
观看	√	√	√		√	
吃	√	√				
烹饪	√				√	
服务	√		√		√	
睡觉						√
沐浴	√	√				√
购物	√		√		√	
看展览	√		√		√	
看演出		√				
跳舞	√				√	
脑力工作	√	√				
体力工作	√	√			√	
会晤		√				
慢跑				√	√	
锻炼	√	√	√	√	√	√

（2）使用者的需求。好的设计与使用者的真实需求和愿望有关，设计师需要跟客户进行有效的沟通，通过采访提问等方式引导使用者说出自己的愿望，帮助他们梳理出真实的需求。采访提问的时间不宜过长，设计师还需要从有限的提问中推敲出更多的信息。

如采访记录一对甲方夫妇，仔细聆听并敏锐观察：张先生夫妇在老小区有两套位于顶楼的住宅，刚好是同位置的楼上和楼下。他们曾经自住一套，出租一套。房子位于配套成熟的居民区里，他们在这里生活了快 20 年。这里的生活便利，他们并不想离开这个熟悉的生活环境。最近他们想收回楼上的出租房，通过改造两套房，来改善和提升自己的居住环境。夫妇二人有个儿子，是大学生，祖父母就在不远的小区居住，他们常回家陪老人吃饭。他们还有一个重要的成员，一条叫淘气的狗狗。

通过进一步讨论就会发现下面的要点：张先生喜欢种花，在繁闹的城市里有一片自己的天地；小张同学在准备艺术考试，不久将升入高一级学校继续读书深造；外祖父母生活在相邻的城市，偶尔也会来探望；张先生十分擅长烹饪，给家人准备一桌丰富的饭菜是他最得意的事；无论丈夫还是妻子并不想在家庭琐事和整修上花费太多时间；你能否在这些信息里看出来特殊意义的信息吗？你能发现这些信息会对设计造成怎样的影响吗？

经过分析，我们得出以下结论：本项目是一套改善型住宅，张先生一家希望打造符合自己偏好的住宅，希望有用于烧烤、用餐休闲的户外空间；他们不想被琐事所累，希望使用无须维护的建筑材料；他们选择顶层复式的户型居住，期待享受独特的居住体验；室内需要提供家庭成员们独立且私密的空间、起居室以及不常用的客房；他们需要设备齐全的厨房，客餐厅会是他们的活动中心；小狗也是重要的家庭成员，需要考虑独立温暖的狗窝。

这些访谈有助于对设计作出准确的判断，有效推进设计方案的进行。特殊的需求和愿望，总是会慢慢浮现。我们需要努力探索信息背后的信息，挖掘潜在的信息，逐步落实到设计项目中去。

客户需求调研可回顾并结合 2.3 单元内容一起学习。

（3）项目设计需求。设计项目本身有预想和期许，但它们并不会直观地呈现出来，设计师可以通过学习借鉴同类优秀案例，仔细阅读甲方提供的设计任务书或设计要求，详细询问客户需求，通过归纳的方法整理出明确的需求列表（表 3.2.2）。

例如，某集团公司培训部的设计项目，位于企业厂区内，是一栋独立的三层建筑。该集团公司单独成立了企业职工培训学院，满足企业内部人才培养的需要。企业将在这里定期开展培训课程，邀请行业专家讲课或者进行技能比拼。

表 3.2.2　　　　　　　　　　　　　　　空间设计需求列表

空间需求	数量 / 个	面积 /m²	用　　　途	特　殊　需　求
接待区（签到处）	1	30	展示、签到、宣传和发布信息	电子屏、签到台和背景墙
资料储藏室	1	16	储物、文印、信件收发	文件柜、打印机和电脑
钳工教室	4	64	技能训练	塑胶地板
综合教室（小）	3	45	教室	可移动课桌椅、演讲台和电子屏
综合教室（大）	1	105	教室	可移动课桌椅、演讲台和电子屏
书吧、导师休息室	1	40	接待洽谈、小型图书馆、茶歇和导师休息室	书柜、沙发和洽谈桌
卫生间	3	35	女卫、男卫、洗手池、劳动工具收纳和茶水间	

注　表中面积是结合现场情况并根据人体工程学知识初步测算得出。

2. 原始户型分析

设计的目的是解决人的需求问题。室内空间根据使用者的需求差异，会存在优势与劣势两种情况。在进行项目设计前分析出户型的优势与劣势，能够有效地避免劣势问题的继续存在，甚至可以将劣势问题转化为优势（图 3.2.2）。在进行户型优势与劣势分析时，应思考一下项目的地理位置、周边的环境、通风与采光、隔音效果、空间使用效率、人的行为习惯和交通动线等。

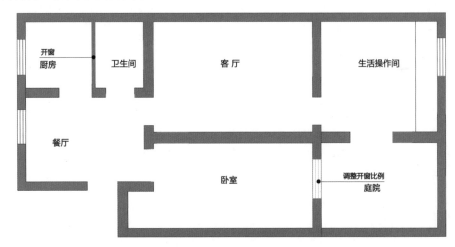

图 3.2.2　户型优、劣势分析图

优势：项目位于成熟的社区内，周边生活便利，配套成熟；户型方正，两房朝南；户型位于一楼，自带一个小庭院，满足了使用者可以种花的愿望；庭院之外是公共花园，风景优美，闹中取静；允许在庭院围墙开院门，增加入口。

劣势：空间没有门厅，进门没有换鞋和整理的区域；卫生间的门直对入户门；客厅过小；整个空间的交通枢纽集中在客厅，降低了使用效率；户型南北向很长，影响采光效果；窗户的位置及面积影响空气对流；卫生间无采光和通风，长期阴暗潮湿；项目位于一楼，窗户临近小区交通道，存在嘈杂声，窗户为单层玻璃，隔音效果差。

3. 临接关系分析

空间之间存在相互关系的影响。这种关系在室内设计中被称为临接关系或者亲缘。有些空间一定要排列在一起使用起来才会方便，比如厨房和餐厅。有些空间之间只需要设计较短的路线，比如卧室和客卫。有些空间会相互干扰不能在一起，比如教室和琴房。空间的临接关系分析是借助矩阵图和气泡图来完成的，这两种图都是用以广泛表达邻接关系的。在较大的空间和部门错综复杂的项目中，矩阵图能发挥较大的作用。简单的项目用气泡图就可以完成临接关系分析。绘制矩阵图时用符号来表现空间关系，如：●首要、◎次要、□无关紧要、⊟不要。拓展形矩阵图可以包含更多信息，如空间功能、使用人数、建筑面积、需要的家具和设备、环境要素等。这些内容可以视项目具体情况而定（图 3.2.3、图 3.2.4）。

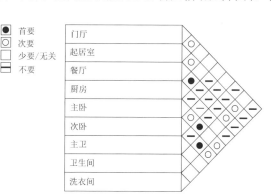

图 3.2.3　简单住宅矩阵图

序号	功能分区	面积/m²	备注
1	公共入口	60	
2	接待台	120	接待/信件/讯息
3	办公服务区	200	办公/会议/文件收纳
4	BOSS办公室	100	午休套间/沙发会客区
5	员工休息区	100	饮水机/咖啡机
6	公共办公区	240	办公/会议/文件收纳
7	卫生急救	120	
8	员工卫生间	120	
9	公共休息区	1000	等待/电视/图书
10	餐厅	600	冰箱/净水/咖啡区
11	厨房+服务台	100	
12	自助服务区		2个工作站
13	客用储物柜		
14	食品储藏	100	
15	服务中心	80	办公/文件收纳
16	更衣室	250	男/女
17	员工宿舍	1200	
18	储藏	200	
19	辅助空间	600	
20	消防通道		

● 首要
◎ 次要
□ 少要/无关
⊟ 不要

图 3.2.4　拓展型矩阵图

注意：①矩阵图只是分析空间邻接关系，并不能对空间布局产生暗示，仅是作为参考工具辅助设计师完成空间布局；②矩阵图适用于大空间和复杂的项目中，对于简单的小空间设计项目会适得其反，它会扰乱设计新手的思维，导致一些僵化设计。

气泡图详见 3.2.3 单元。

4. 周边环境分析

室内设计项目会受到环境的影响。太阳光照、通风情况、视野状况和噪声问题都是需要考虑和分析的变量因素。室内的设计跟室外的景观也是有关联的。人们总期望透过窗口欣赏到室外的美景。好的视野能带来更舒适的体验。建筑元素里的窗起到很重要的作用,它被设计师称为取景框。虽然在室内设计中,窗户的位置和日照的情况都已经是确定的因素,但是在平面布局时可以通过改变空间功能、设计围合的界面等方式来控制光的影响和提升空间的视觉感受。声音本身不分好坏,我们将不需要的声音称为噪声,噪声是设计师需要处理的设计问题。合理的布局可以避免和解决噪声的问题,比如在声音敏感区,空间的分隔可以延伸到顶面,减少声音传播;将空调室外机这种噪声较大的设备放置在远离房间的位置;规划好门的开启方向也可以减少声音的侧向传播。

3.2.3　平面布局图绘制流程

室内设计项目大体上分为住宅类和非住宅类。非住宅类包括办公、商业、餐饮、酒店等类别。虽然建筑性质与使用功能不同,各自有着复杂庞大的知识系统,但设计的思路与方法却是相同的,背后的规律与道理是一致的。平面布局设计并不是凭空想象,而是在梳理清设计需求的基础上,通过科学的图解思维分析的方法与步骤逐步完成,平面布局流程见图 3.2.5。

图 3.2.5　平面布局流程图

1. 气泡图

气泡图是表达相邻关系的图。好的气泡图有趣且富含信息。气泡的形状可以是圆形,也可以是方形或长方形。气泡代表空间及其功能,箭头用来连接气泡,表达相邻的关系与行动路径。气泡图主要是表达空间功能和关系,不能直观、精确和详尽地描述空间。绘制时可以将气泡覆盖在设计项目平面图上,用气泡概括并代替真实空间的位置和大小,直观反映空间关系(图 3.2.6)。

气泡图适合小空间或简单的项目,大型复杂项目可以使用矩阵图梳理空间关系。

气泡图完善后可以结合图纸用块状平面图(图 3.2.7)进一步落实平面功能,它是对气泡图的具体化,将大空间按照气泡图的定位与序列合理地分割成小空间,这个环节是气泡图过渡到平面设计草图乃至平面功能布局图的中间环节。

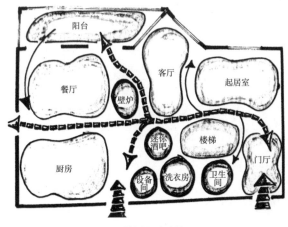

图 3.2.6　气泡图

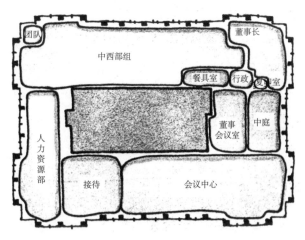

图 3.2.7　块状平面图

2. 平面设计草图

这是平面图的初始阶段,这个阶段的工作是考虑布局形式。根据空间的需求,为每个房间配置家具、设备和配饰。这个阶段需要反复尝试家具安放的位置,成组和布局。通过平面设计草图,反复推敲设计的更多可能性(图3.2.8)。

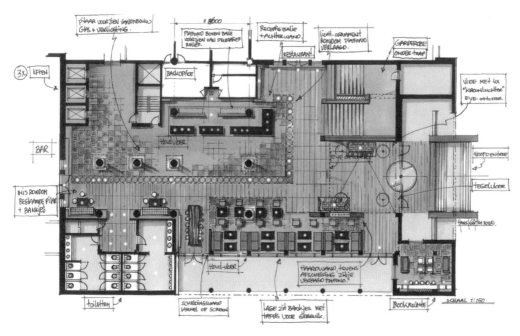

图 3.2.8 平面设计草图

3. 平面布局图

在平面功能布局思考的过程中,具备可行性的方案会有不止一个。可以根据经验作出设计决策,选择相对优化的方案继续发展并深化、细化。直到室内功能与内含物布局合理、设备与电器布局得当、交通动线流畅、标注详细、尺寸精准,才算完成了平面功能布局图,它是后续室内空间艺术设计的功能基础与合理性保障(图3.2.9)。

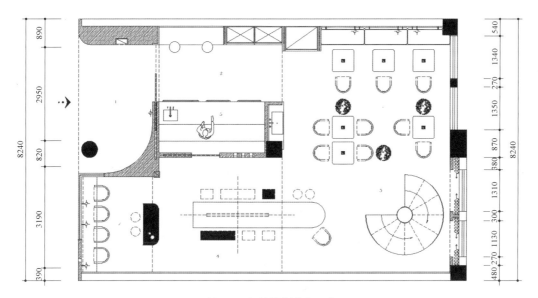

图 3.2.9 平面布局图(单位: mm)

平面功能布局设计是一项充满挑战的工作，设计的结果并没有唯一标准的答案。科学严密的思维过程与设计程序是设计师必须具备的能力，不断追求更好是设计师需要养成的工作素养。

 延伸阅读

- 郑曙旸，《室内设计程序》，中国出建筑工业出版社，2005。
- 尾上孝一、小宫容一等，《室内设计与装饰完全图解》，中国青年出版社，2013。
- 罗伯托·J.伦格尔，《室内空间布局与尺度设计》，华中科技大学出版社，2017。
- 张绮曼，郑曙旸，《室内设计资料集》，中国建筑工业出版社，1991。
- 郑曙旸，《室内设计方法与步骤》，中国出建筑工业出版社，2004。

3.2.4 平面布局设计案例

通过以下两个项目了解平面功能布局的设计步骤，以及不同阶段的关注点和相关的信息。

1. 案例一：住宅式工作室平面布局设计

背景：20世纪80年代老式公寓底层，带有一个小院子，建筑面积69m²，要求兼顾居住和服装设计制作功能，包含服装设计制作区、接待区、更衣区、休息区、户外庭院区、卫生间和厨房。平面布局设计如图3.2.10～图3.2.13所示。

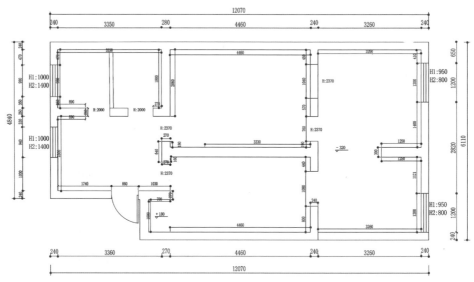

图 3.2.10 原始户型图（单位：mm）

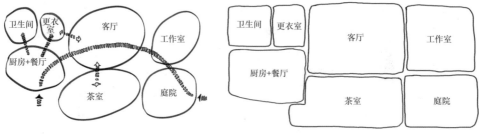

图 3.2.11 从气泡图到块状平面图

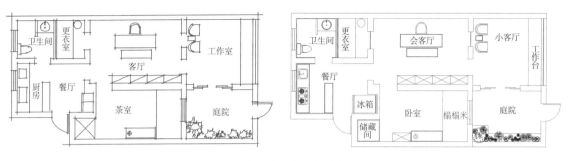

图 3.2.12 从平面草图到平面功能布局图

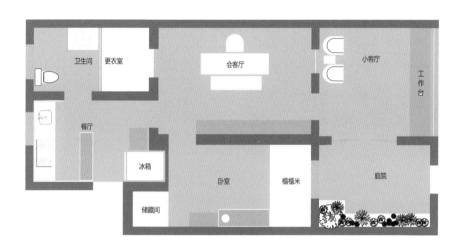

图 3.2.13 完整的彩色平面功能布局图

2. 案例二：培训教室平面布局设计

背景：某企业培训中心，建筑面积 1000m^2，需要 60 人培训教室 1 个、40 人学习讨论教室 1 个、20 人会议室 1 个、接待区、休息等。平面布局设计图如图 3.2.14 ～图 3.2.16 所示。

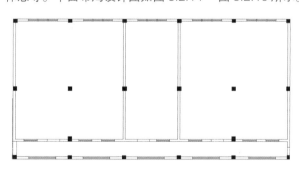

图 3.2.14 原始户型图

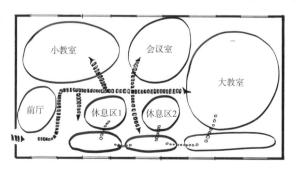

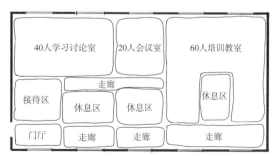

图 3.2.15 从气泡图到块状平面图

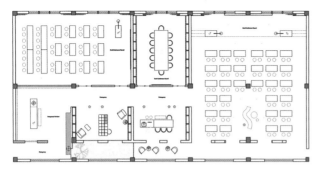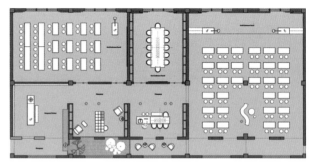

图 3.2.16　从平面功能布局图到彩色平面布局图

课后训练

（1）运用本单元提供的方法，对设计案例进行批判性的分析。

（2）结合教学内容，完成课程设计项目。

课后思考

（1）后疫情时代的住宅要怎样布置平面布局？

（2）未来的住宅设计会有哪些发展的趋势？

3.3　怎样组织空间？

空间组织是对空间的大小、比例、形状、形态、色彩、质感和光影等在三维空间中的分割与重组。在组织空间序列的过程中，首先根据人的行为方式分割出交通流线，从而达到划分不同功能区域的目的。其次根据空间赋予的不同功能将大空间分割为不同尺度、比例和形状的小空间，同时区分出封闭的实体空间形态和开敞的封闭空间形态。最后通过确定空间视觉中心的方式布局家具等陈设品。从某种程度上说，组织空间所需要设计的内容是平面布局的具体化、深化和细化，这部分内容包括空间中的交通动线、空间的划分与合并，空间的实与虚、空间的形状与比例、空间的布局与视觉焦点。

3.3.1　空间的交通动线

在平面规划之初，最先开始设计的就是交通系统。这个阶段需要暂时抛开所有空间功能性的细节，将空间看作一个整体思考人在空间中的通行方式，而后将房间和区域填充到空间之中，组成良好的空间关系。人们在空间中走动形成的交通动线，好比城市中的街道。交通动线对于形成空间形态有高效的辅助作用，并且对空间形态的具体配置有强烈的暗示作用。良好的交通动线具有清晰、流畅和高效的特点，使用者能够在脑海中梳理出清晰的通行状况，可以顺利地从一个地点通往下一个目的地。哪些因素会影响交通动线呢？实物的虚空部分、门洞、墙洞等虚空部分都会带来交通动线的变化。如图 3.3.1 所示的案例就是通过改变门的位置来梳理交通动线的。

新建
拆除

图 3.3.1 住宅式工作室墙体拆建图与交通动线图

3.3.2 空间的划分与合并

划分空间的方式有很多种，采用实体的墙分隔空间是最常用的方式。设计的难点在于在实现空间划分时保持空间的开放性和关联感，此外也可以采用短墙、屏风、非固定装饰构件等，同样可以起到分割空间的作用。更加复杂的空间分隔物还有各种柜子、厚墙、搁架等。设计的目标就是提供必要且不过分的空间分隔（图 3.3.2）。

室内空间的类型 M

洄游动线设计 M

（a）柱子和短墙分隔

（b）区域高低差分隔

（c）壁炉和建筑构件分隔

如何进行空间流线设计 M

（d）矮墙分隔

（e）屏风分隔

（f）厚墙和储物柜分隔

室内空间的分隔方式 M

图 3.3.2 空间划分方式

讨论空间划分的话题，多数指的是开放的空间。对于封闭式空间首先要进行的是空间的连接。如图 3.3.3 是一个餐饮项目的包间平面图，图中展示了封闭空间的成组方式。注意以下几点：①空间中有很多相同尺寸的小空间；②沿着外墙的房间都是成排排列的形式；③内部房间有多种尺寸，但是在整体上形成了的完整、规则的矩形形状。

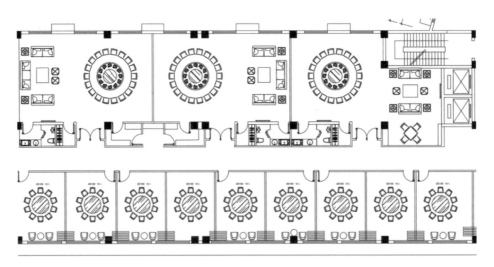

图 3.3.3　某餐饮项目包间平面图

如果可以在空间的某处，视线从一个空间看到相邻的空间，甚至是更远处的场景，那么，空间在无形中就已经相互关联起来了。空间的合并就是用相互关联的空间组织在一起。组织的方式有两种：①将主体空间划分为两个子空间；②将主体空间划分为几个区域。如图 3.3.4 是某牙科诊所空间组织效果图。

图 3.3.4　某牙科诊所空间组织

3.3.3　空间的实与虚

在组织空间形态时，除了交通动线，对空间实与虚的处理也起到重要作用。实代表封闭空间，虚代表开放空间（图 3.3.5）。封闭空间独立性较强，在视觉和听觉方面都具有较强的隔离性，有利于排除外界的干扰和影响。开放空间强调与周围空间环境的交流和渗透。开放空间和封闭空间是相对而言的。在空间感上，开放空间是流动的、渗透的；封闭空间是静止的、独立的；在对外关系和性格上，开放空间是开放性的，封闭空间是拒接性的；开放空间是公共的、社会性的，封闭空间是私密性的、个体性的。

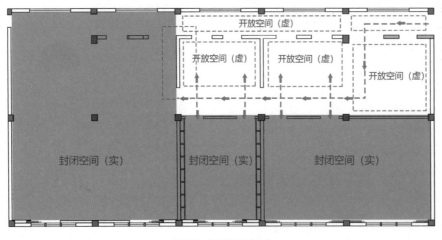

图 3.3.5　某培训教室实与虚

3.3.4 空间形状与比例

完成空间的划分与合并,结合前期调研的数据,得到了每个小房间的最大尺寸。下一步就是决定小空间的形状与比例。16世纪,意大利著名的建筑师安德里亚·帕拉迪诺在研究比例的基础上提出了关于房间的七种形状和比例(图3.3.6)。大部分房间都是矩形的,也有圆形和正方形,但是尽量避免出现狭长的长方形。

如何进行空间虚实分割
Ⓜ

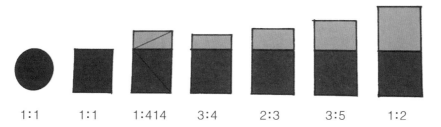

| 1:1 | 1:1 | 1:414 | 3:4 | 2:3 | 3:5 | 1:2 |

图3.3.6 安德里亚·帕拉迪诺提出房间的七种形状和比例

3.3.5 空间的布局与视觉焦点

设计师决定好空间的尺寸和大概的形状,下一个任务就是在既定的面积内完成空间的布局。设计的目标是将家具组成群组,并且为之找到相应的位置。通常有四种情况:角落、中心、边界或者随意的某处。越是小的空间,越容易作出判断,因为可以选择的区域与范围实在有限。而面对大的空间,为家具群组选择合适的区域范围将会是一个挑战。先将空间根据需要等分为几个部分,再配上标线,然后将家具群组以居中或者对齐标线的形式摆放。这种复制排列的设计方法十分符合建筑的秩序感。空间是围绕视觉焦点展开布局工作的,布局前首先要寻找空间中视觉焦点的元素和位置。视觉焦点可在顶面、墙面或者地面上,比如大面积的落地窗、漂亮的壁炉、放置艺术品的壁龛、装饰画、角落里的地毯、局部的吊顶等,这些都是视觉焦点的备选方案。

📖 **小贴士**

居中和对齐是十分强大的设计构图的策略。在家具群组的组织过程中,居中与对齐发挥了巨大的作用。居中就是中心对齐的布局方式。对齐就是将单体或者群组的家具的边缘依据共同的参考线排列的方式。这两种方法可以单独使用,也可以结合使用。

 延伸阅读

• 《室内设计基础与应用教程》,北京希望电子出版社,2019。
• 大塚泰子,《理想的家 小空间设计的66个法则》,华中科技大学出版社,2018。
• 堀野和人、小山幸子,《图解室内空间布局改造:全能住宅改造王》,华中科技大学出版社,2020。
• W.博奥席耶,《勒·柯布西耶全集(第1卷.1910—1929)》,中国出建筑工业出版社,2005。
• 《室内设计原理》,中国出建筑工业出版社,2004。

3.3.6　空间组织的流程

项目背景：坐标中国常州前后北岸，延陵·容——服装高级定制。

该项目为中式服装设计工作室，产品有男装、女装、包包、文创等。设计需求：男装区、女装区、更衣室、活动交流区、品茶区、服装展示区、手工制作区、卫生间。原始户型图见图3.3.7。

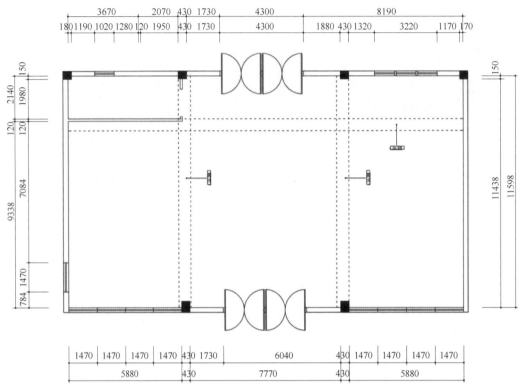

图 3.3.7　原始户型图（单位：mm）

第一步：交通动线分析。交通动线图见图 3.3.8。

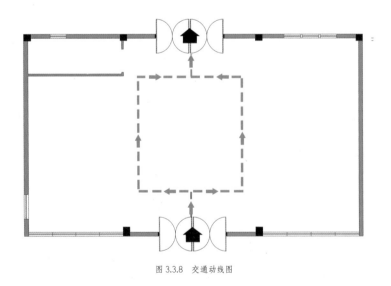

图 3.3.8　交通动线图

第二步：空间实与虚的分隔。空间虚实分析图见图 3.3.9。

第三步：空间划分与合并。空间划分、合并分析图见图 3.3.10 和图 3.3.11。

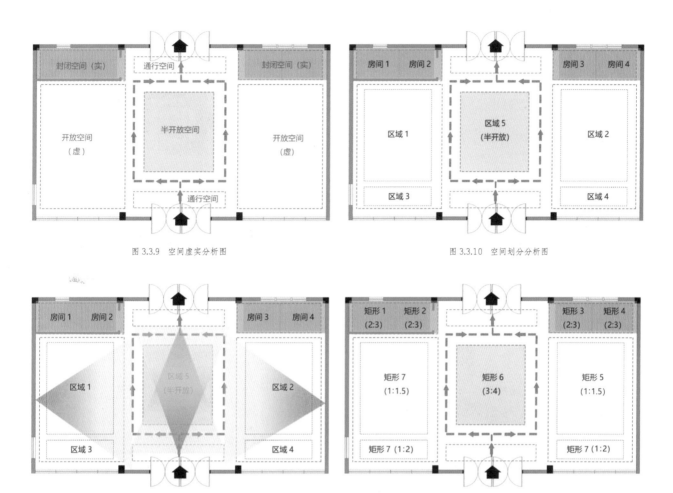

图 3.3.9 空间虚实分析图

图 3.3.10 空间划分分析图

图 3.3.11 空间合并分析图

图 3.3.12 形状与比例分析图

第四步：空间的形状与比例分析。形状与比例分析图见图 3.3.12。

第五步：空间的布局与视觉焦点。空间视觉焦点和视野分析见图 3.3.13。

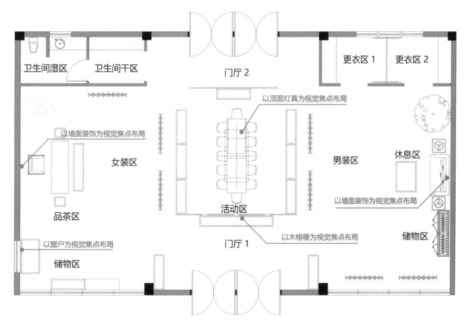

图 3.3.13 空间视觉焦点和视野分析图

服装工作室
的空间组织
Ⓜ

服装工作室空间布局实景见图 3.3.14。

图 3.3.14　服装工作室空间布局实景图

课后训练

空间分隔的方法决定了空间之间的联系，请用图例的方式分别说明以下空间分隔的方法。

（1）用建筑结构分隔。

（2）用各种隔断分割。

（3）用色彩与材质分割。

（4）用水平高差分割。

（5）用家具分割。

（6）用水体和绿化分割。

（7）用陈设及装饰造型分割。

3.4 怎样进行界面设计？

3.4.1 认识界面

　　室内的界面就是指围合成室内空间的顶界面（天花板、顶棚）、侧界面（墙面、隔断）和地界面（楼面、地面）。

　　室内的界面设计是对围合、划分和限定空间的实体进行具体设计。对于室内界面的设计，既有功能和技术方面的要求，也有造型和美观上的要求，根据空间的功能和不同的限定要求来设计实体的形式和通透程度。在具体设计时重点思考界面的材质、造型、色彩和构造四个方面的内容。把空间与界面有机结合在一起，使空间形态变得更加丰富多样。

　　界面的选材十分重要，合适的选材不仅关系到界面的各种功能要求，同时也关系到使用者的生活与健康。在选材时要充分了解材料的性能，选择无毒、无害、无污染的装饰材料，并能够表现材料软硬、冷暖、粗细、明暗的特点。空间的使用功能不同，对材料的选择也不同。随着建筑行业的迅速发展，很多新兴材料不断涌现出来。新材料对防水、防火、防潮、环保、易于安装和运输等方面都有新的要求。材料的选择一方面要切合环境的功能要求，另一方面要借以体现材料的自身表现力，努力做到优材精用、普材巧用和合理搭配。

如何设计室
内空间的界
面Ⓜ

3.4.2 顶界面设计

1. 形式

　　顶界面对空间影响非常大。同样是矩形平面，平顶和拱顶的区别是使空间的形态完全不同。在设计中可以通过运用特殊天花板来获得新颖的空间效果，也可以在顶面开天窗增加空间的明亮感，还可以通过制作肌理或对灯具做处理增加导向性和透视感等。在条件允许的情况下，顶界面与结构巧妙的结合，如中国古代传统建筑上的"彻上明造"就是将梁架明露，在上面制做藻井、雕刻、彩绘等，充分利用结构构建起到装饰的作用。近现代建筑所运用的新型结构形式，有的轻巧美观，有的其构建所组成的图案具有极强的韵律感，这样的结构如果加以恰当利用，都可以产生使人悦目的空间效果，顶界面的设计种类见表 3.4.1。

表 3.4.1　　　　　　　　　　　　　顶界面的设计种类

A. 裸露式		
设备管道裸露	涂黑	木梁结构

B. 平顶式		
石膏板	集成扣板	木饰面

涂鸦	钢网	图案
色彩	灯箱	发光孔
模糊反射	镜面	多孔钢板

续表

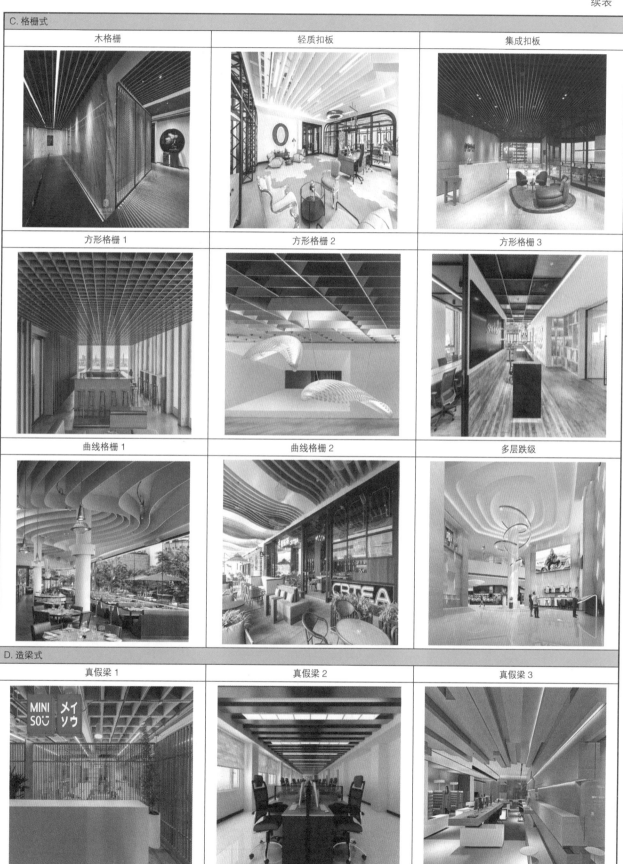

C. 格栅式

木格栅	轻质扣板	集成扣板
方形格栅 1	方形格栅 2	方形格栅 3
曲线格栅 1	曲线格栅 2	多层跌级

D. 造梁式

| 真假梁 1 | 真假梁 2 | 真假梁 3 |

E. 悬挂式		
几何形 1	几何形 2	几何形 3
灯 1	灯 2	灯槽
波浪 1	波浪 2	波浪 3
F. 拱形顶		
拱形 1	拱形 2	拱形 3

续表

G. 玻璃顶		
天窗	光影 1	光影 2

2. 任务

（1）整合空间中照明器具、设备、消防、管线等这些基础机能。了解设备所需要的深度，将设备的深度巧妙地藏在梁中。例如，空调的施工深度大约为 35cm，这个深度决定了空间中某个区域必须下降处理。将空调藏在梁的附近，既做好了隐蔽工作，也完美地弱化了梁的存在。

（2）区分空间。顶面在空间中具有区块性，能够暗示空间的分区情况。在界定空间区域时可以采取一致性的手法，表现通畅开阔的空间感；也可以利用高低不同材质和造型的变化，暗示不同空间；还可以配合空间的动线进行区分，加上天花板灯光的明与暗，强与柔，使空间有更丰富的层次。

（3）修饰梁的位置。当隔墙刚好设计在梁底位置时，梁就被轻松掩藏了，但是遇到梁的位置尴尬又无法避开的时候，就需要想办法化解。有两种化解的办法：①沿着梁底吊天花板，利用天花板平整空间顶面；②根据真梁的尺寸设计假梁，顶面的真假梁混合在一起，赋予相同的材质，设计相同的造型，让顶界面看起来是统一的整体。

3. 高度

空间不是越高越好。人们比较习惯的最低高度为 250cm，有时候为了营造包覆感，也会使用 220cm 的最低高度。不同的空间高度带来不同的空间体验。挑高的大空间使人放松，也容易让人精神涣散；小空间使人亲密，容易集中注意力。营造空间效果先要了解空间用途，再根据宽度选择合适的高度。

过高的空间容积过大，能耗也会随之增大。比如工业风的设计，虽然会节省天花板的工程费用，但是在后期对于空调和暖气的使用方面则要耗费较多能源。顶面的设计要因地制宜，在费用、维修、能耗和美感上进行多方评估。

3.4.3 侧界面设计

空间的侧界面以垂直的方式对空间进行围合，处在人的正常视线范围内，因此对空间效果来说是最为关键的。侧界面的状态直接影响到空间的围、透关系，四面皆壁则空间封闭，给人以阻塞、沉闷的感觉；四面皆透则空间开敞，给人以舒畅、明快的感觉。在空间中，围与透应该是相辅相成的，只围不透的空间会有憋闷的感觉，但私密性非常的强；只透不围的空间没有空间感、安全感、私密感，但与大自然融会贯通，非常敞亮。因此在建筑单空间设计时要很好地把握围与透的度，根据具体使用性质来确定是围还是透，如宗教建筑空间，为了造成神秘、封闭、光线幽暗的气氛，尽量以围为主；电影院的观众厅要在黑暗中放映，更应该采取封闭的围合措施；而园林建筑出于对景观的需要，四面皆空都是可以的；对于居住空间而言，动态空间的客厅、餐厅可以有较小的围合度，静态空间卧室、书房则需要较大的围合度。另外，由于通透的部分视线可以穿过，封闭的部分视线受到阻挡，因而可以利用围和透的界面组合，产生空间的引导的作用（图3.4.1）。侧界面围合的形式见表3.4.2。

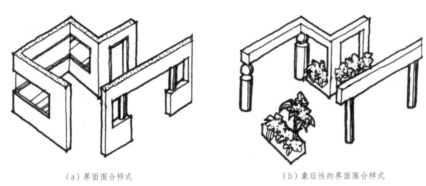

（a）界面围合样式　　　　　　　　　　　（b）象征性的界面围合样式

图 3.4.1　空间界面围合样式

表 3.4.2　　　　　　　　　　　　　侧 界 面 围 合 的 形 式

续表

C. 间隔		
书架	木架	钢架
玻璃	屏风	开窗
中式花窗隔断	纱帘	彩色丝线

D. 跨界设计		
侧面到地面跨界	侧面到地面跨界	侧面到地面跨界

续表

侧面到顶面跨界	侧面到顶面跨界	侧面到顶面跨界

 延伸阅读

- 理想·宅，《设计必修课：室内空间设计》，化学工业出版社，2018。
- 理想·宅，《室内设计数据手册空间与尺度人体工程学》，化学工业出版社，2019。

3.4.4 地界面设计

地界面是室内空间的基面，视线上它与人的关系最近，在人的视域范围内所占比重仅次于墙面；触觉上讲，其质地的坚硬与柔软、粗糙与平滑只要人们踩上去既可感知，因此设计必须满足多方面的要求。首先要保证坚固、耐久，具有耐磨、耐腐蚀、防滑、易清洁等功能要求；其次还要与其他界面的整体环境保持一致性并起到烘托作用。总之，要针对具体需要进行合理选择，有所侧重。地界面处理对整体空间效果的影响程度虽然不及天花板与墙面，但如果处理得当会起到意想不到的效果。常见的地界面材料见表3.4.3。

表3.4.3　　　　　　　　　　　常见的地界面材料

水泥自流平	水磨石	地毯
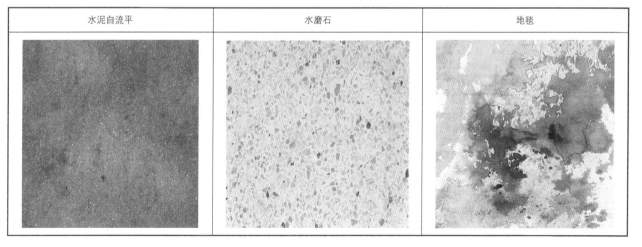		

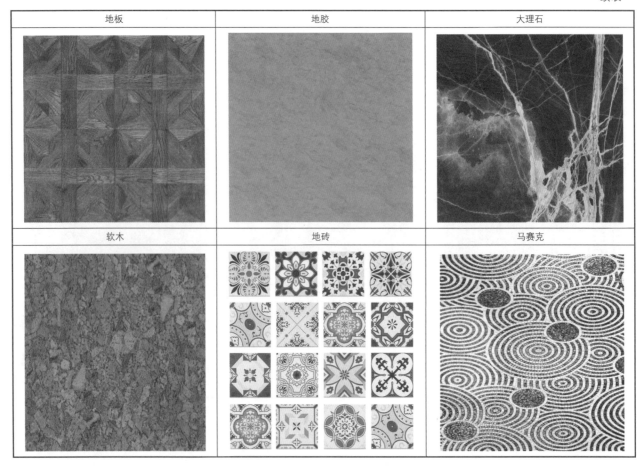

地板	地胶	大理石
软木	地砖	马赛克

课后训练

（1）运用本单元提供的方法，尝试从不同的方面分析评价设计案例。

（2）不同界面的艺术处理都是对形、色、光、质等造型因素的运用，有共同的规律可循，请尝试列举以下不同的界面：①表现结构的面；②表现材质的面；③表现光影的面；④表现几何形体的面；⑤表现层次变化的面；面与面的自然过渡。

课后思考

（1）如何用平面构成的方法在室内界面元素构成中进行转化？

（2）平面构成的形式如何在室内界面设计中应用？

3.5　怎样进行色彩搭配？

3.5.1　认识色彩

1.色相

色相，色彩的相貌，如大红、普蓝、柠檬黄等。色相是色彩的首要特征，是区别各种不同色彩的最准确的标准。事实上任何黑白灰以外的颜色都有色相的属性，而色相也就是由原色、间色和复色来构成的。

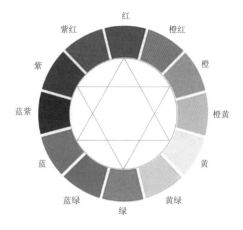

色彩组合◉

　　最初的基本色相为红、橙、黄、绿、蓝、紫。在各色中间加插一两个中间色，其头尾色相，按光谱顺序为红、橙红、黄橙、黄、黄绿、绿、绿蓝、蓝绿、蓝、蓝紫、紫。红紫、红和紫中再加个中间色，可制出 12 种基本色相（图3.5.1）。

图 3.5.1　12 色相环

　　2. 色调

　　色调不是指颜色的性质，而是对一幅绘画作品的整体颜色的概括评价。色调是指一幅作品色彩外观的基本倾向。一幅绘画作品虽然用了多种颜色，但总体有一种倾向，是偏蓝或偏红，是偏暖或偏冷等。这种颜色上的倾向就是一副绘画的色调。通常可以从色相、明度、冷暖、纯度四个方面来定义一幅作品的色调。在明度、纯度（饱和度）、色相这三个要素中，某种因素起主导作用，我们就称之为某种色调。

　　色调在冷暖方面分为暖色调与冷色调，红色、橙色、黄色、棕色为暖色，象征着太阳、火焰、大地。绿色、蓝色、紫色为冷色，象征着森林、天空、大海。灰色、黑色、白色为中间色。暖色调的亮度越高，其整体感觉越偏暖，冷色调的亮度越高，其整体感觉越偏冷。冷暖色调也只是相对而言，譬如说，红色系当中，大红与玫红在一起的时候，大红就是暖色，而玫红就被看作是冷色，又如，玫红与紫罗蓝同时出现时，玫红就是暖色。

　　3. 色阶

　　色阶是表示图像亮度强弱的指数标准，也就是我们说的色彩指数，在数字图像处理教程中，指的是灰度分辨率（又称为"灰度级分辨率"或者"幅度分辨率"）。图像的色彩丰满度和精细度是由色阶决定的。色阶指亮度，和颜色无关，但最亮的只有白色，最不亮的只有黑色。

　　4. 背景色、主体色和强调色。

　　色彩构成 =70% 背景色 +25% 主体色 +5% 点缀色（图 3.5.2）。背景色 + 主体色 + 点缀色的色彩搭配效果见图 3.5.3。

70%　　　　25%　5%

图 3.5.2　12 色相比例

　　（1）背景色。在空间中的占比为 70%（墙壁、天花板）。

　　（2）主体色。在空间中的占比为 25%（沙发、桌椅、边柜、茶几）。

　　（3）点缀色。在空间中的占比为 5%（抱枕、地毯、挂画）。

　　5. 色彩主调和色彩基调

　　（1）色彩主调。色彩主调是通过贯穿整个空间，营造完整统一、深刻难忘、有强烈感染力的空间感受。营造典雅还是华丽，安静还是活跃，纯朴还是奢华等感受，都由色彩主调决定。图 3.5.4 是以深绿色为主色调效果图。

图 3.5.3　背景色 + 主体色 + 点缀色

图 3.5.4　以深绿色为主色调

（2）色彩基调。色彩的基调就是指照片色彩的基本色调，也是画面的主要色彩倾向，它能给人们总的色彩印象。在一张彩色照片中，基调是由不同的色彩通过适当的搭配而形成的统一、和谐和富于变化的有机结合，在其中起主导作用的颜色，就是色彩的基调，也称为画面的基调。色彩基调就是一个作品中，以一种色彩为主导所构成的统一和谐的总体色彩倾向（图 3.5.5）。

图 3.5.5　以灰色为主导的色彩基调

3.5.2 色彩搭配

从理论上说，有无数的色彩调和方案可用于室内设计。颜色本身并没有高低贵贱之分，每一种颜色都是美的。室内色彩的根本问题在于搭配。典型的色彩搭配可以分为两大类，即类似关系和对比关系。前者配色方案由一种或几种临近色彩组成，达到一种完全和谐与统一的效果；而后者配色方案则是建立在差异很大的色彩上，既体现了多样性又体现了暖色与冷色之间的平衡。

如何搭配空间色彩Ⓜ

1. 无色设计

无色设计只是运用色彩的明度变化，不涉及彩度的变化。在装饰物或某些家具中，无彩色设计一般都会用到突出颜色。突出颜色用于突出显示主色，在小范围内使用并与主色形成强烈鲜明对比的色彩。突出颜色常常用来刺激视觉感受，可以使用在任何配色方案中。虽然只有黑色、白色、灰色是真正的无彩色，但一些低纯度的暖色（从乳白色到深褐色）在效果上也可以充当无彩色，此类颜色主要被应用于大部分物体的表面和家具上（图 3.5.6）。

图 3.5.6 无色设计

2. 单色设计

单色设计只使用一种色相，但是可以提高或者降低色彩的明度（从高明度到低明度），也可以提高或降低色彩的饱和度（从高饱和度到近似无彩色）并加以变化。白色、灰色、黑色和少量其他色相的使用可以增加多样性，突出重点，并可以用来体现物体的自然质地和装饰风格。因此，即使用一种基本的色相，选择的可能性也是多种多样的。单色设计具有和谐统一的效果，空间感和连续性突出，从而获得宁静平和的效果。单色设计的主要缺点是单调乏味，通过使用色相明度和纯度的多样性，形式、结构以及空间关系的变化等因素可以弥补这个缺陷，单色设计见图 3.5.7。

图 3.5.7 单色设计

3. 类似色设计

类似色设计是建立在同色系内两种或两种以上色彩的调和基础上。就是在色相环中 90º 以内的色彩。因此，如果说类似色均为蓝色，这些色彩可以是相互之间比较接近的，如蓝绿、蓝、蓝紫，也可以是相对比较独立的黄绿、蓝、红紫。和单色设计相比，类似设计更富有变化和情趣。由于类似色是同色系色彩，所以运用于设计中自然体现出一种统一的效果（图 3.5.8）。

图 3.5.8 类似色设计

4. 互补色设计

互补色是指色轮上那些呈 180° 角的颜色，如橙色和蓝色，或黄橙色和蓝紫色。这种对比可以有多种选择，拿黄色和紫色来说，既可以是光彩夺目的金黄色与茄紫色互补，也可以是温和柔美的象牙色与紫水晶色互补，还可以是朴素庄重的深绿褐色与铁灰色互补。互补色设计体现了对立平衡（对立的颜色混在一起会形成无彩色）以及色相的冷暖平衡。互补色往往比相近的类似色要活泼一些，但是由于不同颜色并置极易产生不安定感，因此必须借助明度和纯度的细致处理才可以达到美观而和谐的效果（图 3.5.9）。

图 3.5.9 互补色设计

5. 三次色设计

任意三种色相环上等间距的颜色组合被称为三次色设计。如红色、蓝色、黄色，绿色、橙色、紫色，蓝绿色、红紫色、黄橙色。为了防止这样的组合效果过于抢眼，必须慎用完全饱和度的色彩，红色、黄色、蓝色可以转化为灰绿色、棕褐色、乳灰色。因此三次色设计既可以达到生动活泼的效果，同样也可以达到平缓温和的效果。无论在何种情况下，该配色方案的效果均为系统化的和谐统一中包含着富有变化的平衡（图 3.5.10）。

图 3.5.10 三次色设计

6. 四角互补色设计

任意四种在色相环上等距离的颜色组成了四角互补色设计，例如黄橙色、绿色、蓝紫色、红色，这种组合会带来丰富多变却又不失平衡统一的效果（图3.5.11）。

图 3.5.11 四色互补色设计

延伸阅读

• 北京普元文化艺术有限公司，《室内设计实用配色手册》，江苏凤凰科学技术出版社，2018。

• 理想·宅，《室内设计师色彩搭配手册》，中国电力出版社，2018。

3.5.3 灵感来源

色彩配色创意来源广泛，大自然本身就是一个取之不尽的灵感来源，绘画作品、纺织品、杂志、插图、广告等色彩效果也都可以作为参考，任何艺术品或手工艺品都能激发我们的灵感，色彩的灵感来源见表 3.5.1。

随时创新
小中见大◉

表 3.5.1　　　　　　　　色 彩 的 灵 感 来 源

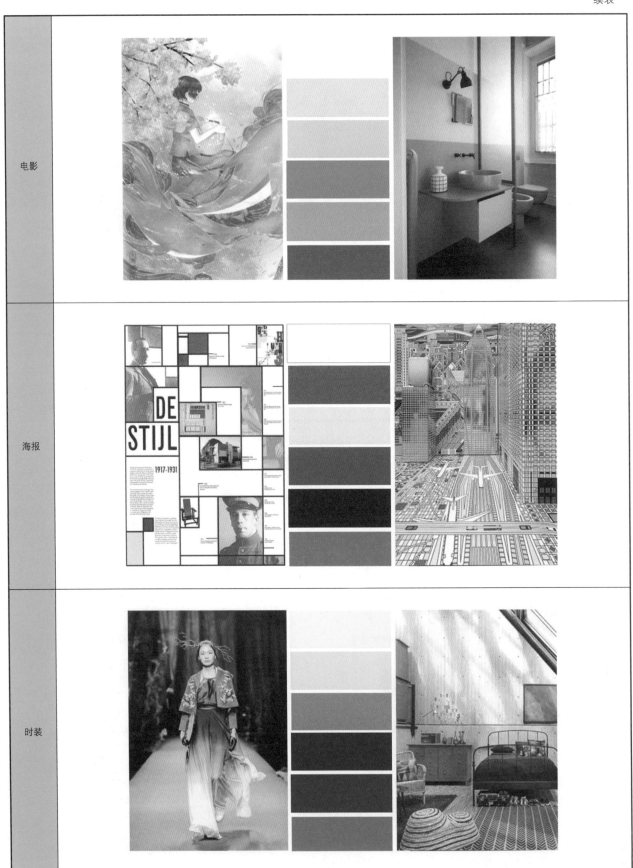

电影				
海报				
时装				

续表

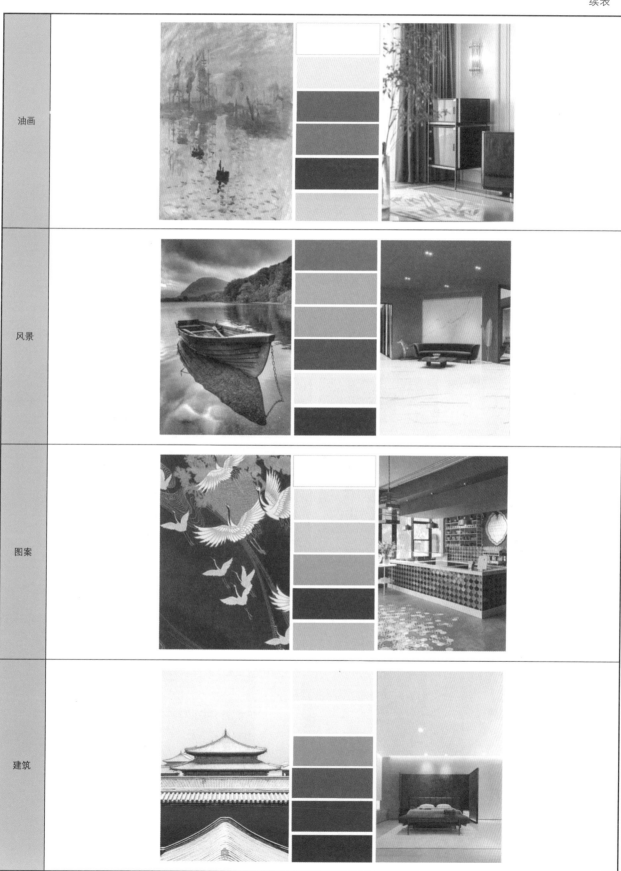

油画	
风景	
图案	
建筑	

广告	

3.5.4 流行色系

1. 莫兰迪色系

莫兰迪色来源于意大利画家乔治·莫兰迪。时尚界中的莫兰迪色系，是一种低饱和度的色系，不鲜亮，仿佛蒙上一层灰调，低调冷静，舒缓雅致，有一种冷淡风。像近年的流行色雾都蓝、石英粉、贝姆绿、丁香紫、冷咖色、暗砖红等，都属于莫兰迪色系（图3.5.12）。

图 3.5.12 莫兰迪色系设计

2. 马卡龙色系

马卡龙是法国最具地方特色的美食，由于其各种色彩缤纷的颜色都是以食用色膏染色而成，所以近几年来被派生出新词汇——马卡龙色（图3.5.13）。

图 3.5.13 马卡龙色系设计

3. 黑白灰色系

黑白灰色系设计见图 3.5.14。

图 3.5.14　黑白灰色系设计

4. 撞色色系

撞色色系设计见图 3.5.15。

图 3.5.15　撞色色系设计

课后训练

（1）结合你的设计主题，找到相关颜色并确定合适的色彩关系。

（2）尝试从插画、电影、海报、时装、油画、风景、图案、建筑和广告中任选一种方式提取色彩，完成设计案例。

课后思考

（1）你的色彩灵感来源于哪里？

（2）今年的流行色是什么，如何应用到你的设计项目中？

3.6　怎样进行光环境设计？

3.6.1　照明基本用语

对于设计师来说，想要用好灯光必须知晓常用的灯光术语。我们无法只用数据来设计照明，但是

如何布局室
内空间的光
环境 Ⓜ

如果了解数据代表的含义，就可以理解光对空间带来的环境影响。照明基本用语见表 3.6.1。

表 3.6.1 照 明 基 本 用 语

序号	专业名词	名 词 解 释	单 位
1	照度	以光所照射的物体表面为基准，单位面积所接收到的光通量，代表有多少光可以到达这个地点，1lx 代表 1m² 的面积被 1lx 的光通量照射的亮度	lx
2	光通量	光源所发出的光量	lm
3	发光强度	光源往特定方向上发出多少光量，代表光的强度	cd
4	亮度	当人看到一个发光体或被照射物体表面的发光或反射光强度时，实际感受到的照亮度	cd/m²
5	色温	代表光颜色的数据，会以红—橘—黄—白—蓝白的顺序往上升高。自然光也是一样，泛红的朝阳和夕阳色温较低，中午偏黄的白色太阳光色温较高	K
6	显色性	当光源照射到一个物体时，对物体颜色的呈现所造成的影响。以自然光（太阳光）为标准，颜色呈现得越自然，显色性越好，不自然则代表显色性差。越是接近 Ra=100，显色性则越好	Ra
7	发光效率	灯具的发光效率一般是指每 1W 的电力所能发出的光通量。住宅中主要灯具的发光效率为：一般白炽灯泡约 15lm/W，灯泡型日光灯约 60lm/W，直管型日光灯约 85lm/W，直管型高频日光灯约 110lm/W	lm/W
8	光束角	光束角（beam angle），指的是灯具 1/10 最大光强之间的夹角	°

3.6.2　照明灯具的种类

常用照明灯具的种类见表 3.6.2，筒灯与射灯的分类见表 3.6.3。

表 3.6.2 常 用 照 明 灯 具 种 类

序 号	专业名词	图 片	名 词 解 释
1	筒灯和射灯		是典型的无主灯、无定规模的现代流派照明，能营造室内照明气氛，若将一排小射灯组合起来，光线能变幻奇妙的图案
2	吊灯		吊灯是指吊装在室内天花板上的高级装饰用照明灯。安装高度结合地面家具的情况而定。一般分为配法兰盘、配线槽、半埋入式
3	吸顶灯		灯具上方较平，安装时底部完全贴在屋顶上的灯具称为吸顶灯。光源有普通白灯泡、荧光灯、高强度气体放电灯、卤钨灯、LED 等
4	壁灯		壁灯是安装在墙壁上的灯具。分为向上投射、向下投射、整体投射和上下都投射共四种投射方式
5	落地灯		一般布置在客厅和休息区域里，与沙发、茶几配合使用，以满足房间局部照明和点缀装饰家庭环境的需求。通常分为上照式落地灯和直照式落地灯

表 3.6.3 　　　　　　　　　　　　　　　　　筒 灯 与 射 灯 分 类

序 号	分 类	视觉效果	特 征
1	明装筒灯		灯具直接装在天花板上，天花板内侧没有空间，或者天花板为清水混凝土等，无法将筒灯埋入天花板内部的时候使用
2	嵌入型筒灯		灯具装在天花板内部，根据灯具种类的不同，可能需要一定的深度，安装前必须确认尺寸与天花板内侧是否有足够的空间
3	防眩光型筒灯		光源位置高于反射板，从下往上看的时候光源会被反射板遮住，让人无法直接看到
4	可调角度型筒灯		灯具内部可以改变角度，不用凸出到天花板的表面上，光源位于灯具较深的位置，不适合用于广角照明上，灯具尺寸较大，安装前必须确认天花板内侧是否有足够的空间
5	投射型筒灯		可以将灯体的部分拉到表面，调整照射方向
6	射灯		照射效果就像手电筒，可自由变换角度，光线直接照射在需要强调的物体上，以突出主观审美作用

筒灯与射灯的区别主要有以下几个方面：

（1）光源不同。筒灯内部安装节能灯或者是白炽灯，装白炽灯时发出的是黄光，装节能灯时发出的就是白光，而其光源方向是固定的不能调整，射灯是用石英灯泡或灯珠为光源，而且相对筒灯，射灯的光源方向可以任意调节。

（2）应用不同。筒灯一般用于辅助照明或普通照明，光线柔和舒适，布置筒灯时还需要考虑灯具的间距和均匀性，而射灯一般是用来突出某个特定的物体，起到着重强调的作用，能使物体更有质感，一般会用于展示。

（3）效果不同。筒灯的所有光线都是朝下投射，属于直接配光，能增加空间的光线柔和度，营造温馨的感觉，但其效果是不能改变的。射灯是典型的无主灯。现代流派照明，若将一排小射灯组合起来，能让光线变化奇妙的图案，而且射灯也可以自由变换角度，起到不同的光线效果。

（4）价格不同。射灯和筒灯在价格上差异也是比较明显的，相同情况下，同一档次和质量的射灯价格要高于筒灯。

3.6.3　照明的呈现方式

光的呈现方式有很多种，有整体照明（也称"一般照明"）、局部照明、定向照明、混合式照明、重点照明和无主灯照明。根据不同的功能区域选择合适的照明方式是照明设计的重要环节。

表 3.6.4　　　　　　　　　　　　常 见 的 照 明 方 式

1	整体照明	最基础的功能性照明，不考虑局部的特殊需要			
2	局部照明	满足某些部位的特殊需要，为该区域提供较为集中的光线			
3	定向照明	强调某一特定的目标或者同一方向的照明方式			
4	混合照明	由整体照明和局部照明组成的照明方式			
5	重点照明	对一些软装配饰或者精心布置的空间进行塑造，在视觉上形成聚焦			
6	无主灯照明	现代极简风格的一种设计手法，将照具藏在吊顶里的一种隐藏式照明			

延伸阅读

- 漂亮家居编辑部，《照明设计终极圣经》，江苏凤凰科学技术出版社，2015。
- 远藤和广、高桥翔，《图解照明设计》，江苏凤凰科学技术出版社，2017。

3.6.4　案例分析

1. 住宅项目

传统的灯光只是起到了基础照明的作用，没有考虑到使用起来的便利性。人的身体会阻挡住焦点光，有限的光源也会产生阴影阻挡视线。多种灯具的互相配合，使明暗张弛有度，在提高房间品味的同时还能打造房间层次感。客厅、卧室和客餐厅的照明分析如图 3.6.1～图 3.6.3 所示。

如何布局住宅空间的光环境 Ⓜ

图 3.6.1　客厅照明分析

设计是在有限条件下巧妙地解决问题 ⓔ

图 3.6.2　卧室照明分析

整体照明或　　　　　　　　　　整体照明或　　定向照明或
局部照明　　无主灯照明　　重点照明　重点照明　无主灯照明　重点照明

图 3.6.3　客餐厅照明分析

2. 商场项目

灯光在商场中除了起到基础照明的作用外，还有导购的作用，为客流提供一种脉络清晰的指引功能，引导交通流线，帮助顾客很快识别到想要去的商铺。在一些商铺门口，公共空间的灯光设计十分低调，主要作用是充分展示店铺的门面，吸引顾客的目光，衬托商铺的品牌形象。在商场的主要空间内，通过增加购物氛围的灯光营造，树立商场的品牌形象，可以刺激顾客的购买欲望。商场中庭照明见图 3.6.4。在灯光设计的案例中，也有一些设计失败的，如图 3.6.5 所示。

图 3.6.4　商场中庭照明

3. 牙科诊所项目

诊所不仅要满足医务人员对患者进行诊断、治疗等所需的功能照明，还应为患者提供一个洁净、健康、舒适的照明环境（图 3.6.6、图 3.6.7）。

案例1：照度不足，光带不均，有眩光　　　案例2：过度设计，张扬浮夸，喧宾夺主　　　案例3：设计无创意，顶面凌乱，灯具存在感过强

案例4：顶部绚丽明亮，空间昏暗，售卖品得不到投射和体现　　　案例5：过于昏暗和沉闷　　　案例6：过度设计，过于烦琐，能耗大，维修成本高

图 3.6.5　灯光设计失败案例

图 3.6.6　牙科诊所门面内外光环境设计

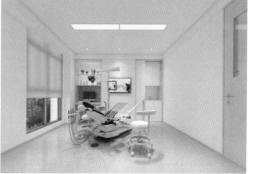

图 3.6.7　牙科诊所多功能诊室、诊疗室设计

课后训练

运用本单元提供的方法，尝试分析品牌店铺、精品超市、文创书店、百货商场等商业空间的光环境设计。

课后思考

在设计中如何选择灯具与室内环境协调，如何选择光源调配光环境？

3.7 怎样进行空间陈设？

3.7.1 陈设的概念

1. 陈设的定义

"陈设"可称为摆放、装饰，俗称"软装饰"，可以理解为摆放品或装饰品，也可理解为对物品的陈列、摆放布置和装饰。在空间设计中陈设设计起着画龙点睛的作用。陈设兴起于 20 世纪 20 年代，那时的远古人类用兽皮、兽骨等装点居住环境，这就是最原始的陈设。

2. 陈设的内容

陈设的内容主要包括窗帘、灯饰、墙饰、花艺、摆件、家具六部分内容（图 3.7.1）。设计师需要熟悉和了解这些内容的风格和功能，以及材料工艺等特性。陈设品主要是室内的可移动摆件，能够体现出使用者的品位，是营造空间氛围的点睛之笔。陈设设计的成功取决于设计元素的搭配的是否合理。一个成功的陈设设计方案需要设计师至少对数十种产品进行精心的组合。陈设布景见图 3.7.2。

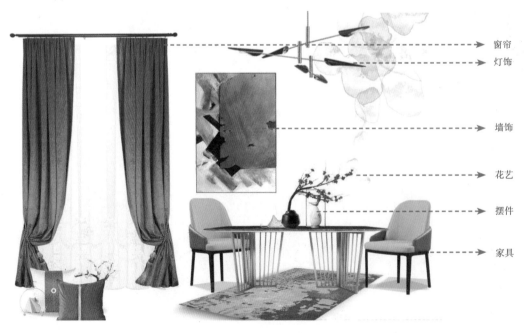

窗帘
灯饰
墙饰
花艺
摆件
家具

图 3.7.1　陈设的内容

设计师的椅子Ⓜ

如何布置室内空间的陈设Ⓜ

图 3.7.2 陈设布景

3. 陈设的功能

（1）暗示设计风格。室内空间设计有不同的风格，陈设品本身自带风格特征，对室内风格起着很大的暗示作用。简约时尚的陈设品会营造现代风（图 3.7.3），粗犷朴实的陈设会打造乡村风（图 3.7.4），复古高贵气质的陈设会形成古典风（图 3.7.5）。不同的使用者对陈设品的选择完全不同，设计师需要了解每种风格的特征，才能应对不同风格的设计。

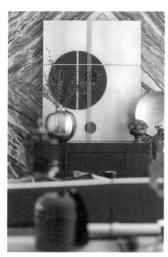

图 3.7.3 现代风　　　　　图 3.7.4 乡村风　　　　　图 3.7.5 古典风

（2）提升审美需要。空间中的六个界面（墙面、地面、顶面）都可以作为陈设品的背景，大量的软装元素保持统一的步调，会有"眼前一亮"的感受。陈设摆场见图 3.7.6。

图 3.7.6　陈设摆场（一）

（3）节省装修预算。陈设品是可以随之一起搬迁的物品，有些陈设品甚至是业主多年珍藏的物件，有传世的意义。现代的室内设计中，使用者更加理性，注意陈设品的重要意义，而并不过分追求硬装设计（图 3.7.7）。

图 3.7.7　陈设摆场（二）

（4）刷新空间容颜。陈设品的灵活搭配有时就像换衣服，随着心情随意更换。使用者可以随心所欲地营造一个新的空间感受。比如根据季节更换床品，随着心情更换窗帘，给沙发增加个抱枕，给墙面增添几张装饰画，又或者隔一段时间更换花器和鲜花。哪怕是一点点的改变，都能给使用者带来焕然一新的感觉（图 3.7.8）。

图 3.7.8　同一背景的陈设摆场

（5）改善户型缺陷。好的软装搭配能够对户型原有的缺陷起到良好的遮掩作用，比如小房间可以选择浅色的墙面搭配浅色的窗帘，会在视觉感受上有宽敞的感觉；矮房间可以考虑竖条纹的壁纸或窗帘，增加空间的视觉高度，缓解压迫感。

3.7.2 陈设品的搭配方法

陈设品的搭配主要有以下几种方法：

（1）均衡对称法。将陈设品以均衡对称的形式进行布置，可以营造出协调和谐的装饰效果。陈设品的排列顺序应该由高到低陈列，避免出现不协调感。如果在同一组产品中出现两个相同的饰品并列摆放，可以制造出韵律美感。如果摆放的饰品太多，前小后大的摆放方法可以突出饰品特色且层次分明（图3.7.9）。

图 3.7.9 均衡对称布置

（2）同一主线法。相同空间的陈设元素通常有着相似的联系。这种相似性可以是颜色、材质、形状或者是主题，都统一遵循同一条主线，在这个基础上展示各自的不同点，彼此互补和而不同。比如茶几金属质感的支脚和灯具上的金属条相似，沙发上的抱枕和窗帘的颜色相似（图3.7.10）。

图 3.7.10 同一主线布置

（3）情境呼应法。陈设设计可以从空间的多角度去观察，无论从哪个角度去欣赏，都应该具有和谐美丽的共同点。选择产品是要能尽可能的考虑呼应性，整体的效果也会提升很多。例如在餐厅中从装饰画的花形图案中寻找相似图案的桌旗，并配有同款花形制成的餐桌花，能让画作从平面穿越到立体空间中，在选择餐具、餐垫、花器、雕塑等元素时就有了依据和参考。这样的细节越多，空间越是会散发出使用者特有的品位（图3.7.11）。

（4）三角构图法。陈设品的摆放讲究构图的完整性，有主次、有层次、有韵律，同时注意与大环境的融洽。三角形构图法主要是通过对陈设品的体积大小或者尺寸高低进行排列组合，最终形成轻重相见、布置有序的三角形状（图3.7.12）。

图 3.7.11　情境呼应布置

图 3.7.12　三角构图布置

（5）适度差异法。陈设品的组合有一定的内在联系，过分相似的物品放在一起显得单调，而差异过分悬殊的物品摆放一起看起来又不够协调。在组合上把握好变化与协调的关系至关重要（图 3.7.13）。

图 3.7.13　适度差异布置

（6）亮色点睛法。当整体色调比较素雅或者比较深沉的时候，可以考虑用亮一点的颜色来提升整个空间。例如硬装和软装饰黑白灰的搭配，可以选择一两件色彩艳丽的单品来活跃气氛，给人心情愉悦的感受（图 3.7.14）。

图 3.7.14　亮色点睛布置

（7）兴趣引导法。这种布置手法常用于儿童房，以儿童的兴趣爱好为导向。例如男孩喜欢大海、模型，那就可以采用以轮船为主题元素进行室内空间的布置，如采用带有船模型图案的壁纸和窗帘，或将船舵作为壁饰件，船模作为摆件，还可以打造一张船形状的床遵照兴趣布置的案例见图 3.7.15。

图 3.7.15　遵照兴趣布置

3.7.3　陈设设计注意事项

1. 确立主题元素，做好整体设计

陈设设计并不是软装元素的简单堆积，每个区域、每种陈设品都是整体环境的有机组成部分。陈设设计既要考虑审美的效果也要考虑到陈设搭配与功能使用的巧妙结合，这样才能达到专业化的效果。陈设整体设计搭配案例如图 3.7.16 所示，中式传统家具传递出恬淡儒雅的东方传统文化之美和高雅的家居氛围。

图 3.7.16（一）　陈设整体设计搭配案例

（a）现场图片　　　　（b）迎客松盆栽

（c）铁艺吊灯　　　　（d）茶具

图 3.7.16（二）　陈设整体设计搭配案例

2. 锁定视觉中心，合理布局陈设

空间里的视觉中心，通常具有特别的气场和能量，是视觉的焦点。它可以是一幅精美的画、一面有纪念意义的装饰墙、一大面窗户，一个壁炉或一个大型的艺术品。视觉中心为空间营造出主次分明的层次美感，让人们对空间的理解更加深入，更有条理，也更加和谐（图 3.7.17）。

图 3.7.17　以壁饰、壁炉、窗户为视觉中心的布置陈设

💡 小贴士

视觉中心可回顾并结合 3.3.5 空间的布局与视觉焦点。

3. 提炼灵感元素，控制色彩比例

案例：以凡·高的《星空》作为设计原型，提炼色彩关系并确定陈设物的色彩比例（图 3.7.18、图 3.7.19）。

💡 小贴士

色彩搭配可回顾并结合 3.5.1 色彩搭配单元的内容。

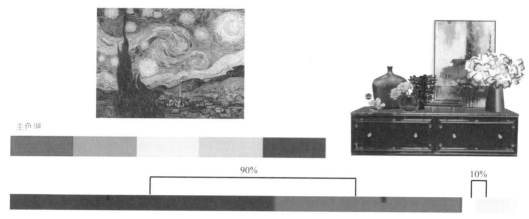

图 3.7.18 从名画到陈设设计分析

图 3.7.19 从名画到陈设设计案例

延伸阅读

- 李亮,《软装陈设设计》, 江苏凤凰科学技术出版社, 2018。
- 李亮,《软装设计元素搭配》, 江苏凤凰科学技术出版社, 2018。

课后训练

运用本单元提供的方法, 尝试从一张图片 / 一句古诗 / 一幅名画中提炼灵感元素, 完成某空间的软装方案。

课后思考

绿化植物的布置也是室内陈设设计的一个方面, 教材中没有编写这部分内容, 你将如何收集这方面的设计素材与设计方法? 请在速写簿上完成这部分工作。

第4单元   设计制作

 学习目标

了解设计制图的内容、绘制方法和手段，辅助阅读相关书籍，达到可以独立绘制室内设计中基础设计制图的目标。

通过了解手绘的工具、方法和基本要领等相关知识，经过从线条到体块再到空间的手绘表现训练，最终达到可以用手绘效果图准确表达设计思想的目的。

了解目前绘制电脑效果的软件及其特点，选择适合自己的绘图软件进行重点学习，学习的过程可以通过书籍、网络资源和学校教学等多个途径，最终达到至少可以熟练操作一款软件进行效果图制作的目的。

了解目前已有的展演方式和制作展演文件需要注意的事项，并可以独立制作自己设计方案的展演文件。

可以撰写一份让人看了就想要采纳的设计说明。这并不容易，但很有可能实现。

了解装帧的内容与形式，可以根据自己的设计风格为设计手册选配恰当的装帧样式。

4.1 怎样制作设计制图？

4.1.1 设计制图的内容

设计制图在室内装饰中主要指平面图、地面铺装图、顶面图、立面图、节点大样图、强电铺设图、弱电铺设图和空间给排水图等。

4.1.2 绘制设计制图的手段

绘制设计制图的主要手段有手绘和电脑软件绘图，手绘设计图常用于量房、绘制草图和润色设计图的工作阶段。图 4.1.1 为手绘平面设计图。图 4.1.2 是运用马克笔和水溶性彩铅进行润色的手绘设计制图。

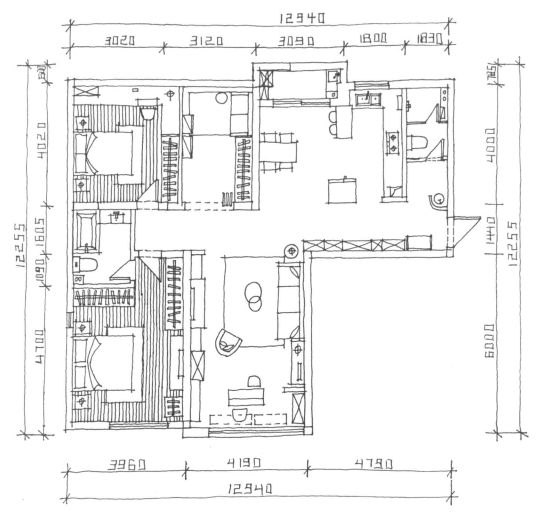

图 4.1.1 手绘平面设计图（单位: mm）

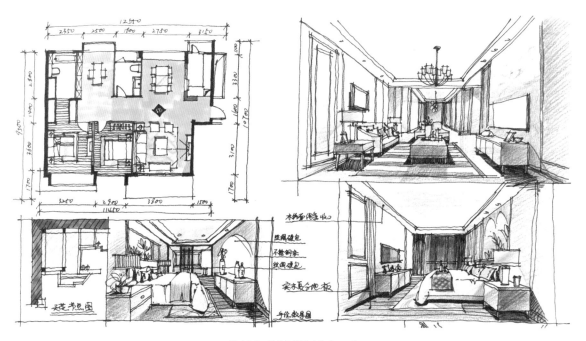

图 4.1.2 彩绘设计图（单位: mm）

目前，软件是最主要的绘制设计制图的工具，行业内使用 Auto CAD 软件的居多，另外还有浩辰 CAD 和中望 CAD 等。早期的 CAD 软件仅有二维功能，现在的 CAD 已经可以进行三维设计，广泛应用于土木建筑、装饰装潢、工业制图、工程制图、电子工业和服装加工等多方面领域。图 4.1.3 是用 CAD 软件绘制的平面图，为了美观，一些设计师会用 Photoshop 软件填充颜色和纹理，如图 4.1.4 所示。

图 4.1.3　CAD 软件绘制平面图

图 4.1.4　Photoshop 软件填充平面图

4.1.3　绘制设计制图的分类及实例

在室内设计中设计制图基本包括以下几个分类。

1. 原始平面图

我们在设计开始之前要对所设计的室内空间进行实地测量，测量内容包括：室内墙地面的尺寸、房间高度、房梁尺寸、门窗位置及尺寸和管道位置等。同时要了解室内基本情况和墙体结构（承重墙与非承重墙）等信息。最后，绘制原始平面图，也称原始结构图，如图 4.1.5 所示。

图 4.1.5　原始平面图（原始结构图）

2. 平面布置图

平面布置图是设计师在首次谈单过程中使用的主要图纸，其中包括了每个房间的功能设定、家具尺寸、家具类型及摆放位置等要传递给客户的信息，在平面布置图中要绘制好索引符号，用以指示立面图和节点详图在正本设计图纸中的位置，如图 4.1.6 所示。

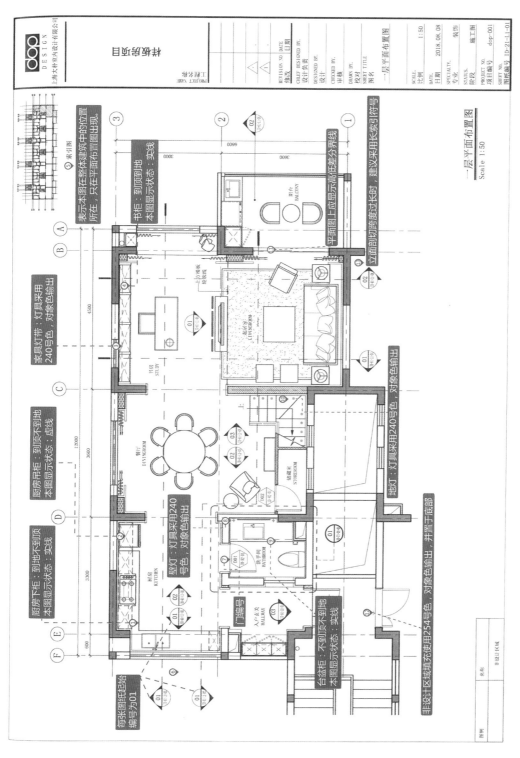

图 4.1.6 平面布置图

3. 天花（顶面）布置图

天花布置图也可以叫做顶面布置图，图中我们需要标注灯具的类型和位置、吊顶的尺寸及位置、其他电器的种类及位置、窗帘盒位置以及各个顶面材质等相关信息，如图 4.1.7 所示。

4. 墙体拆除图和新建墙体图

在室内装修的过程中根据业主的不同需求，我们会对原始墙面进行适当的拆除和新建，这就需要我们在图纸上体现拆建的具体位置和尺寸。如没有墙体拆改，则不需要绘制。

5. 机电点位图

在机电点位图中需要标注电源开关、插座、对讲室内机等的安装位置及数量，机电点位是十分重要的细节，设计安装不适当或者位置数量和特征等信息交代不清会对日后业主的生活造成不必要的麻烦，因此，我们在前期设计中要考虑周全，图纸上要标注清晰，如图 4.1.8 所示。

6. 立面图

室内设计是否美观，很大程度上取决于它在主要立面上的艺术处理，包括造型与装修是否优美。在设计阶段中，立面图主要是用来研究这种艺术处理的。在施工图中，它主要反映房屋立面装修的做法，如图 4.1.9 所示。立面图的数量比较多，在本书中则不一一列举。

7. 节点大样图

节点大样图是指零件或节点的大样图。某些形状特殊、开孔或连接较为复杂的零件或节点，在整体图中不便表达清楚时，可移出另画大样图。大样图可用相同或酌量放大的比例尺，如图 4.1.10 所示。

8. 其他设计图

一套完整的室内设计图纸除了以上几种图例外，还包括：地面铺装图（地坪布置图）、平面和天花灯具连线图等（图 4.1.11 ~ 图 4.1.13）。在各种图纸中还有若干绘制图纸的标准需要我们认真学习，在这里不一一介绍，同学们可以参考延伸阅读提供的室内制图的相关书籍。

 延伸阅读

- 张绮曼、郑曙旸，《室内设计资料集》，中国建筑工业出版社，2012。
- 赵鲲、朱小斌、周遐德，《DOP 室内施工图制作标准》，同济大学出版社，2019。
- 朱毅、杨永良，《室内与家具设计制图》，科学出版社，2011。
- 其他制图类书籍或者正规设计院、知名设计公司和设计事务所等机构绘制的设计制图。

课后训练

（1）通过阅读专业制图书籍，自行收集一套制图中完整的图例和符号，并牢记它们所表示的内容。

（2）请测量你的宿舍，并画出平面图、立面图和其他设计制图。

课后思考

请同学们查阅梁思成的设计制图手稿，思考梁先生的设计制图为什么被称为艺术品？

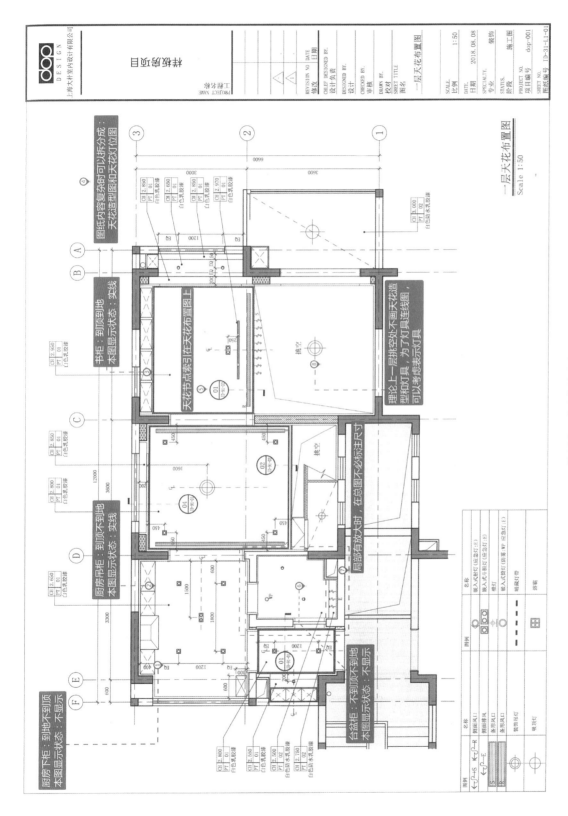

图 4.1.7 天花（顶面）布置图

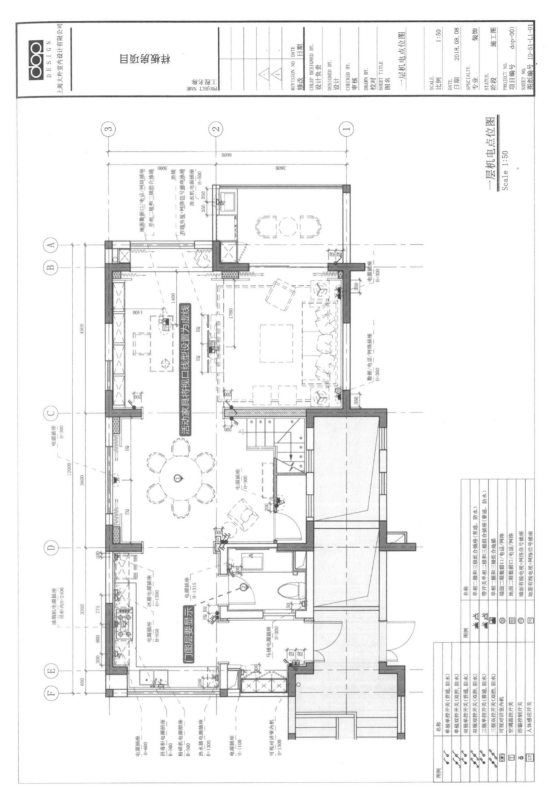

一层机电点位图
Scale 1:50

图 4.1.8 开关布置图

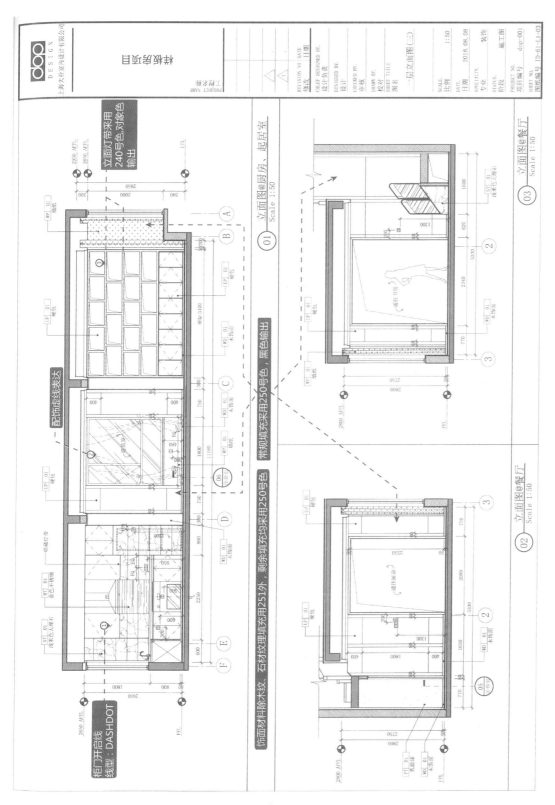

图 4.1.9　立面图

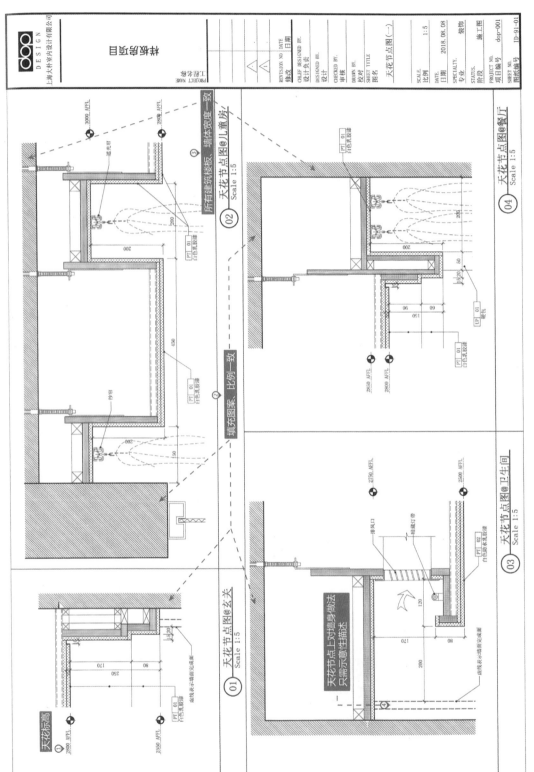

图 4.1.10 节点大样图

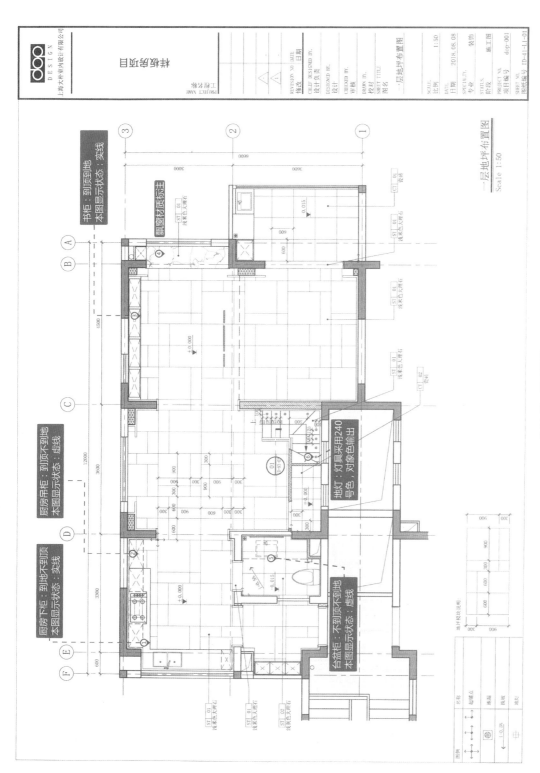

图 4.1.11 地面铺装图

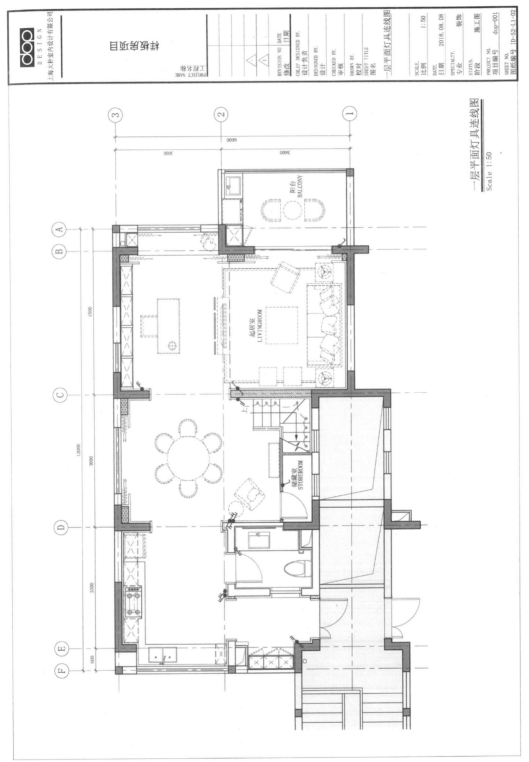

一层平面灯具连线图
Scale 1:50

图 4.1.12 平面灯具连线图

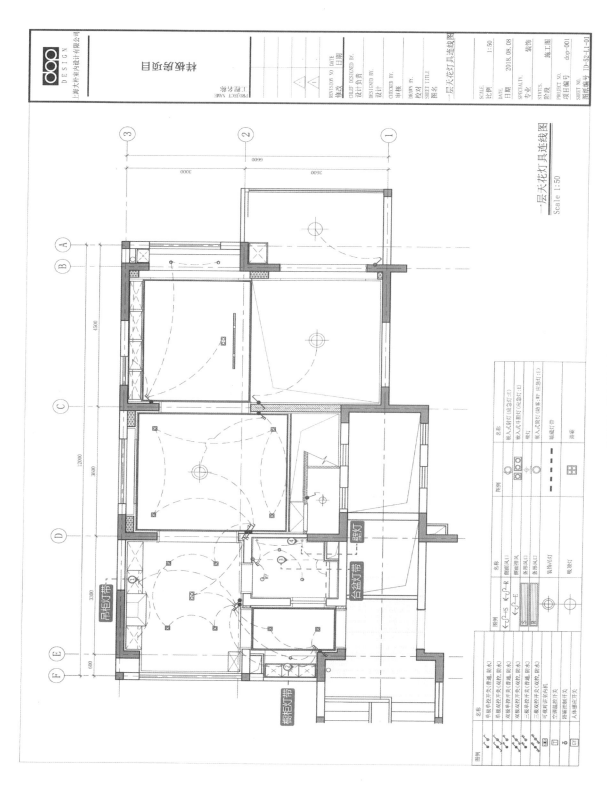

图4.1.13 天花灯具连线图

4.2 怎样手绘效果图？

4.2.1 手绘效果图的工具介绍

手绘效果图的工具种类比较丰富。其中，笔类有铅笔、钢笔、针管笔、水性笔、草图笔等（图 4.2.1）。纸类有复印纸、拷贝纸、硫酸纸、绘图纸和水彩纸等。尺类有直尺、平行尺、曲线尺和比例尺等。

传统手绘使用的主要材料是水彩颜料、水粉颜料、彩色铅笔和透明水色等，使用透明水色绘制的效果图颜色清透，但是容易褪色，必须通过塑封或者装裱加以保护。传统手绘使用的主要工具是直线笔（鸭嘴笔）、水粉笔、毛笔、勾线笔、喷笔、气泵和绘图模板等。现代手绘工具主要是钢笔、中性笔、马克笔、彩色铅笔和水彩等。还有一部分设计师会使用手绘板这种手绘与电脑相结合的工具。手绘板的品牌主要有 Wacom、高漫、绘王等，每个品牌有若干型号的产品可满足使用者的不同需求（图 4.2.2）。

图 4.2.1　手绘工具

图 4.2.2　手绘板

> 💡 **小贴士**
>
> 　　手绘板：优点是便于修改，无画材损耗；缺点是必须在计算机上才能画，一次性购买花费较高。需要熟悉软件操作，最好有一定美术功底。
>
> 　　手绘：优点是随时随地手边有纸笔即可绘画，花费低，可练习手感，是绘画的必经之路。缺点是不易于修改和保存。

4.2.2 手绘效果图的基本要求及练习

1. 线条的要求及练习

线条是手绘效果图表现的基础练习，要求初学者要准确、工整和快速的运用线条表达手绘对象。通常手绘线条分为徒手表现和尺规辅助绘图两种方式，徒手表现的线条流畅、活泼、生动，更具有活力。运用尺规辅助绘制的线条工整、规范，但有时会显得刻板。通常，我们鼓励同学们徒手表现，以彰显自己的个性，必要的时候加以尺规辅助作图。

在徒手绘制的时候我们要求下笔要流畅、肯定，严禁犹豫拖沓，尤其要注意的是不能在一根线条上反复的描画。训练线条可以通过先练习直线，再练习曲线，而后根据不同的材质和物体形态练习不同的线型，在不断的练习中提高自己对笔的把控，从而实现对绘制画面的胸有成竹，训练线条方法如图4.2.3所示。

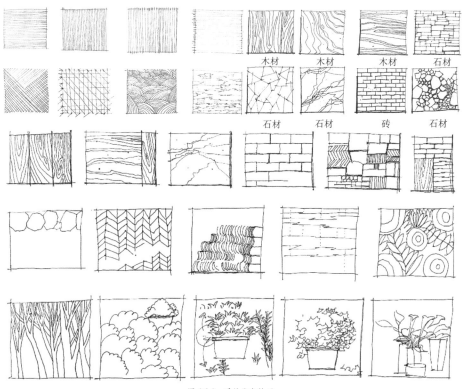

手绘线条基础 M

线条的应用与材质 M

体块切割与光影表达 M

绘画小贴士 M

图 4.2.3 手绘线条练习

2. 体块的表达及练习

基本线条练习之后，我们需要运用线条来表达一些简单的体块关系，为日后塑造整体立体空间做准备。我们需要运用光影效果来表达体块的明暗关系，从而塑造出立体感，如图4.2.4所示。

图 4.2.4 体块的表达

小贴士

很多同学由于不自信会产生在一根线条上反复描画的现象，这样每一根线条都十分毛躁，影响画面效果，不利于我们表现自己的设计想法。解决这个问题，我们有一个简单而又轻松有趣的小方法：首先拿出一张纸和一支笔，然后闭上你的眼睛，记得一定要闭紧双眼，不可以偷看哦！下面请在看不见画面的情况下画一张自己的自画像吧！当你睁开双眼，你肯定笑了，因为画面上很可能五官都错位了，自己的形象被自己画毁了，但是我们会发现，我们画的线条没有描画、没有毛躁，每一根线条都是流畅的，那么在今后的绘画中，就请同学们按照这样的流畅线条来绘制大家的画面吧。

3. 透视的画法

（1）一点透视。

透视原理：近大远小、近实远虚。

定义：当形体的一个主要面平行于画面，其他的面垂直于画面时，斜线消失在一个点上所形成的透视称为一点透视。

特点：应用较多，容易掌握，画面显得庄严、稳重，能够表现主要立面的真实比例关系，变形较小，适合表现大场面的纵深感。

缺点：透视画面容易呆板，形成对称构图，不够活泼。

注意事项：一点透视的消失点在视平线上略微偏移画面 1/3 ~ 1/4 为宜。在室内效果图表现中视平线一般定在整个画面靠下的 1/3 左右的位置。

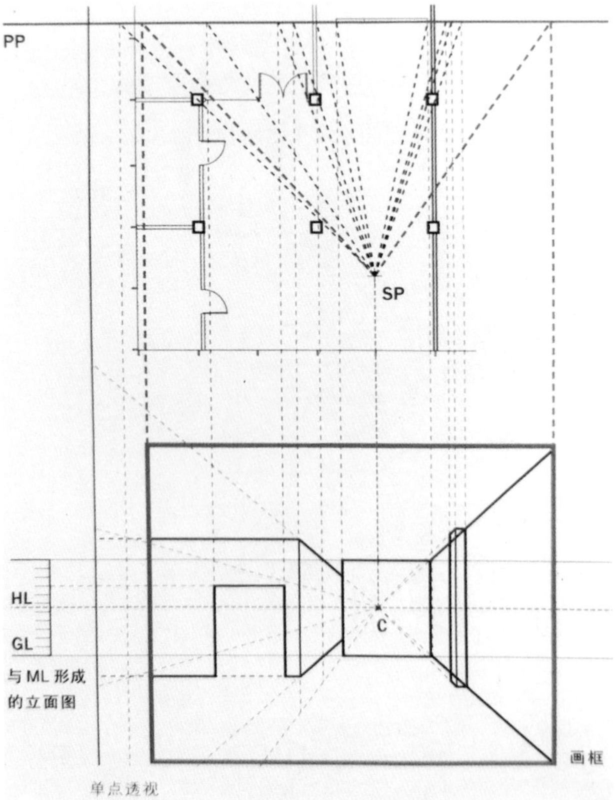

图 4.2.5　一点透视的绘制原理

概念理解：概念理解中我们需要理解的是图 4.2.5 中的几个重要的点和面，以及它们的作用和关系。

画平面（PP）——始终与观者的视中心保持垂直，以此透视投影其上的扁平表面。

视点（SP）——这是对观者位置和高度的定位。

地平线或视高（HL）——确定地平线由观者的高度来形成，它通常从垂直的测量线（ML）开始投影。

地面线（GL）——代表地平面与画平面的交叉。

视中心（C）——在一点透视中，一根与地平线相平行的线条从视中心引出，以便建立汇聚所有线条的点，也是我们通常所说的灭点。

一点透视的绘制原理如图 4.2.5 所示。

一点透视快速表现的步骤：确定视平线高度消失点的位置，然后确定内框大小，根据一点透视原理，画出整个空间中物体的平面位置关系；然后，在平面的基础上，提升高度，从而确定整个空间中物体的基本形体关系；最后，深入刻画细节（如材质等），同时加强投影的刻画，最终完成画面。图 4.2.6 右上图是平面尺寸及家具在平面中的位置关系，主图是一点透视快速表达的效果，同学们在多加练习之后便可以熟练掌握该方法。

（2）一点斜透视绘制步骤及实例。一点斜透视比一点透视表达的空间效果稍显活泼，具体的绘制步骤如下：

1）确定视平线（HL）的高度，确定消失点在视平线上的位置，确定内框的大小，画出四条墙角线。

2）根据一点斜透视原理，画出整个空间中物体的平面位置关系。

3）在平面的基础上提升高度，从而确定整个空间物体体块的大小关系。

4）进一步刻画物体体块细节，勾画出室内陈设的基本形态。

5）更加深入地刻画细节（如材质刻画等），将画面中物体的投影逐步刻画出来，完善画面，效果如图 4.2.7 所示。

一点透视原理Ⓜ

图 4.2.6　一点透视快速表达效果

图 4.2.7　一点斜透视效果实例

（3）两点透视。

透视原理：近大远小、近实远虚。

定义：当物体只有垂直线平行于画面，水平线倾斜聚焦于两个消失点时形成的透视，称为两点透视。

特点：画面灵活并富有变化，适合表现丰富、复杂的场景。

缺点：角度掌握不好，会有一定的变形。

注意事项：两点透视也叫成角透视，它的运用范围较为普遍，因为有两个消失点，运用和掌握起来也比较困难。应注意两点消失在视平线上，不能一个高一个低，并且两个消失点不宜距离太近，在室内效果图表现中视平线一般定在画面靠下 1/3 左右的位置。

概念理解：两点透视的概念理解参见图 4.2.5 所述的一点透视概念与理解，与之不同的是图 4.2.8 中标注的消失点（VP），是两点透视中的消失点，也称为灭点。它是通过对与平面每根轴线相平行的线条进行投影，一直到它们与画面接触为止。然后，对线条进行投影，使之垂直于地平线。

两点透视的绘制原理如图 4.2.8 所示。

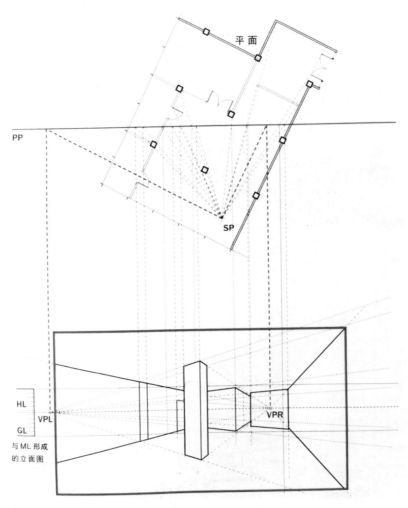

图 4.2.8　两点透视的绘制原理

两点透视的绘制步骤：首先根据图片尺寸确定好视平线高度及两个消失点的位置（消失点在画面内）然后确定四条墙角线，从而确定基本框架；然后根据画面确定空间中陈设物体在地面上的位置大小及天花板、窗户在各个墙面上的位置关系；参考视平线（HL）的高度，根据图片确定相应陈设物体的高度，连接相应的消失点并以体块的形式表达出来；在体块的基础上进一步勾画出陈设物体的结构（如天花板、陈设、窗户等），去除多余的辅助线；最后深入刻画家居陈设等物体，加强细节刻画（如材质、光影和植物），强化结构及画面主次虚实关系，最终效果如图 4.2.9 所示。

　　一点透视与两点透视的对比如图 4.2.10 所示。一点斜透视与两点透视的对比如图 4.2.11 所示，图中还提醒同学们构图的技巧：两个灭点对称会显得呆板；层高线太长，家具会显得很小；视平线过高会让视觉不舒适；灭点太近会导致空间变形过大；地面过大会影响顶面空间的表达等。

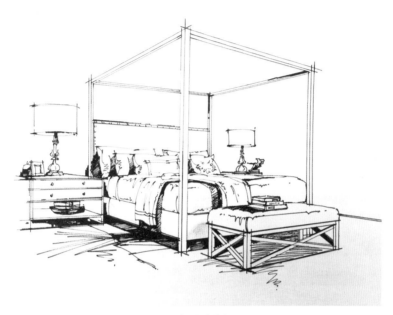

图 4.2.9　两点透视的效果

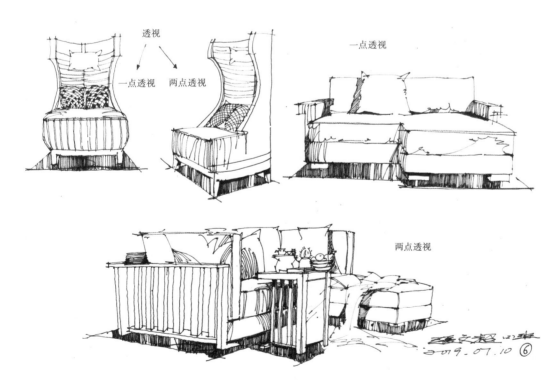

图 4.2.10　一点透视与两点透视的对比

两点透视原理Ⓜ

室内陈设单体表达Ⓜ

室内软配饰品手绘表达（一）Ⓜ

室内软配饰品手绘表达（二）Ⓜ

室内陈设组合手绘表达Ⓜ

平面转换空间技巧Ⓜ

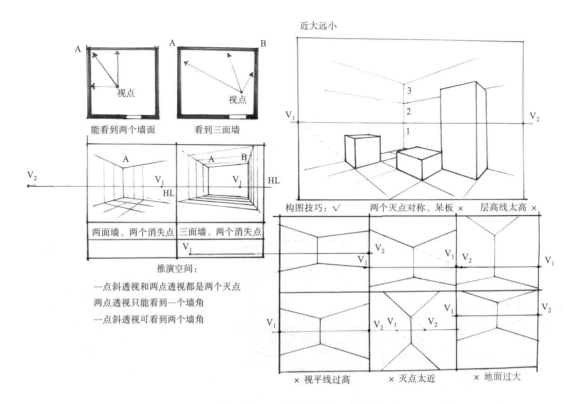

图 4.2.11　一点斜透视与两点透视的原理和对比

4. 效果图着色

效果图着色的主要工具有马克笔、彩色铅笔、水彩颜料等。目前在设计教学中主要使用的是马克笔，搭配水溶性彩铅使用，在风景速写中多用水彩表现。本书只简要介绍马克笔表现实例。

在学习使用马克笔之前要先对笔的特性和笔法进行基本的了解，在马克笔笔触的表达中，直线运笔最难把握，要注意起笔和收笔力度要轻要均匀，下笔果断，才不至于出现蛇形线。马克笔的笔头要完全着到纸面上，这样线条才会平稳、流畅。如果要表现一些笔触的变化来丰富画面的层次，那就需要等第一遍干了之后再画第二遍，不然颜色融在一起会让画面看起来"脏"而没有层次感。我们可以根据用笔的不同笔法来制作色卡，如图 4.2.12 所示，每一个色块最上面是慢速运笔，下面是把笔头立起来，快速运笔得到的细线效果，然后是用笔尖点一个点的效果，这样我们就可以通过色卡练习来掌握每一种颜色在不同的笔法下的效果（图 4.2.13 ~ 图 4.2.15 ）。

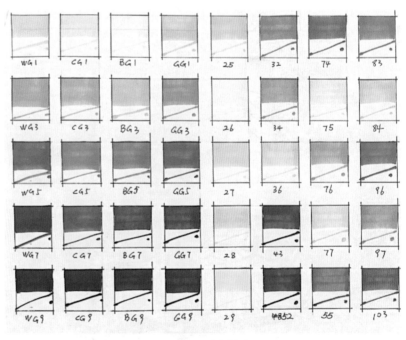

图 4.2.12　马克笔色卡

精细线稿表
达技巧 M

马克笔上色
基础 M

陈设单体上
色技巧 M

空间整体上
色技巧 M

图 4.2.13 马克笔上色效果图

图 4.2.14 马克笔和彩铅结合效果图

图 4.2.15　学生手绘板绘制效果图

💡 **小贴士**

　　同学们，不论我们使用什么工具绘制效果图，都需要我们掌握绘图的基本理论和方法，在效果图最终呈现出来的时候，大家可以在画面中看到我们绘图人的基本功。所以，请向我们的前辈艺术大师们学习，坚持手绘的练习，为日后的"腾飞"夯实基础。像我们游戏晋级一样，当你画过的速写本叠放在地上的高度超过脚踝时，恭喜你已经入门了；当速写本高度超过小腿时，太棒了，加油加油，你已经可以炫耀啦；当你的速写本高度超过你的身高时，你就是圈子里被膜拜的大师。

课后训练

（1）今后，任何可以绘画的时候，你都可以拿出画笔记录当下的事物。

（2）把你宿舍的一角画下来吧，拿到课堂上比一比，看看谁的最凌乱？

课后思考

　　手绘是设计工作的基础，作为未来的艺术设计工作者，你是否要把手绘作为未来生活的一部分？如果是，你将如何规划手绘的训练？

4.3　怎样制作电脑效果图？

4.3.1　绘制电脑效果图的工具

　　效果图制作软件具有一套视觉真实、展示便捷的装饰材料演示图库。该系列图库包括壁纸（墙纸、墙艺）、瓷砖、马赛克、窗帘、地板、地毯以及家具，我们可以在不同风格的空间内随意更换壁纸、壁画、瓷砖、马赛克、地板、地毯、墙面漆、家具、窗帘、门饰等材料，使客户能够直观看到各装饰材料的铺装效果及整个空间的装修搭配效果。方便了顾客的选择、提高了销售成交率、提升了企业形象。

目前常用的绘制效果图的软件有 3ds Max、酷家乐、草图大师和三维家等。

4.3.2　3D Studio Max 软件的应用及特点

3D Studio Max 简称 3ds Max 或 3d Max，是 Discreet 公司开发的（后被 Autodesk 公司合并）基于 PC 系统的三维动画渲染和制作软件。3ds Max + Windows NT 组合的出现降低了 CG 制作的门槛，首先开始运用在电脑游戏中的动画制作，后更进一步开始参与影视片的特效制作，例如 X 战警 II，最后的武士等。在 Discreet 3ds Max 7 后，正式更名为 Autodesk 3ds Max 最新版本是 3ds Max 2020。在应用范围方面，广泛应用于广告、影视、工业设计、建筑及室内设计、三维动画、多媒体制作、游戏以及工程可视化等领域。3ds Max 软件还将继续向智能化，多元化方向发展。

3ds Max 界面组成有以下几部分：标题栏、菜单栏、工具栏、命令面板、绘图区域、视图控制区和动画控制区。

3ds Max 软件的突出特点：基于 PC 系统的低配置要求；安装插件（plugins）可提供 3D Studio Max 所没有的功能（比如 3ds Max 6 版本以前不提供毛发功能）以及增强原本的功能；强大的角色 (Character) 动画制作能力；可堆叠的建模步骤，使制作模型有非常大的弹性。

3ds Max 软件的优势有以下几个方面：

（1）性价比高。3ds Max 具有非常好的性能价格比，它所提供的强大的功能远远超过了它自身低廉的价格，一般的制作公司就可以承受得起，这样就可以使作品的制作成本大大降低，而且它对硬件系统的要求相对较低，普通的配置就可以满足学习的需要，这也是每个软件使用者所关心的问题。

（2）使用者多，便于交流。该软件在国内拥有较多的使用者，网络上的教程也很多，随着互联网的普及，3ds Max 的相关论坛在国内也相当火爆。

（3）上手容易。初学者比较关心的问题就是 3ds Max 是否容易上手，这一点你可以完全放心，3D Max 的制作流程十分简洁高效，可以使你很快上手，所以不要被它的大堆命令吓倒，只要你的操作思路清晰，上手是非常容易的，后续高版本的操作性也十分的简便，操作的优化更有利于初学者学习。

（4）效果更逼真。图 4.3.1 中右侧大图是设计师绘制的 3d 效果图，左侧小图是施工后的实景图，可见 3d 效果图基本可以实现实景提前呈现。学生绘制的 3d 效果图如图 4.3.2 所示。

图 4.3.1　实景图与效果图的对比

图 4.3.2　3ds Max 效果图

📎 **小贴士**

推荐同学们可以通过"我要自学网"APP 和 3D 溜溜网来进行 3ds Max 的学习和制作。真的很好用哦！

4.3.3　草图大师软件的应用及特点

草图大师是一款绘图软件，英文名称为 SketchUp，它可以快速和方便地创建、观察和修改三维创意。是一款表面上极为简单，实际上却蕴含着强大功能的构思与表达的工具。

软件的特点：草图大师是专门为配合我们的设计过程而研发的。草图大师完美地结合了传统手绘草图的优雅自如和现代数字科技的速度与弹性。在设计过程中，我们通常习惯从不十分精确的尺度、比例开始整体的思考，随着思路的进展不断添加细节。当然，如果你需要，你可以方便快速地进行精确的绘制。与 CAD 的难于修改不同的是，草图大师使得我们可以根据设计目标，方便地解决整个设计过程中出现的各种修改，即使这些修改贯穿整个项目的始终。草图大师最新版有了较大的改进，可以说是一次相当成功的升级，让其更加快速和方便。草图大师绘制效果如图 4.3.3 所示。

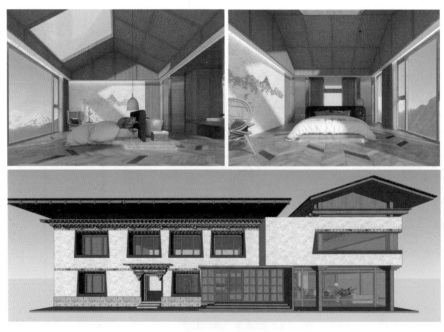

图 4.3.3　草图大师绘制效果图展示

围绕草图大师这个软件也有几个比较活跃的微信公众号，同学们可以关注（图 4.3.4）。

图 4.3.4 草图大师公众号及信息介绍

💡 **小贴士**

目前，一些高端的室内设计公司多使用草图大师制作的效果图搭配实景意向图的形式进行谈单。从经济的角度讲，这样可以减少制作效果图的周期从而降低成本；从设计的角度看，设计师可以更加方便快捷的修改自己的设计方案，从而更加顺畅的表达设计想法。某些高端设计公司的设计师还觉得使用 SketchUP 可以让自己区别于使用 3ds Max 效果图的传统设计师，在谈单过程中给客户耳目一新的感觉，更有利于赢得客户。

4.3.4 酷家乐软件的应用及特点

酷家乐是以分布式并行计算和多媒体数据挖掘为技术核心，推出的 VR 智能室内设计平台，它于 2013 年 11 月上线，是一个比较"年轻"的软件。

酷家乐较 3ds Max 软件来说是一个更容易上手的软件，功能也相对齐全，基本符合了基础装修建模的要求。该软件致力于云渲染、云设计、BIM、VR、AR、AI 等技术的研发，自称可以 5 分钟生成装修方案，10 秒生成效果图，一键生成 VR 方案。

酷家乐平台具有交流学习的功能，我们在平台上可以看到会员上传的作品，这里边不乏优秀案例，这样我们就可以在这个平台上进行交流学习，从而提高自身的设计能力。该软件操作简单，容易上手，对电脑配置要求不高，出图效率快，但缺点是出图效果真实度不够高，只适合做一些要求不高的场景展示设计，跟专业级的效果图软件比还有一定差距。酷家乐制作的效果图如图 4.3.5 和图 4.3.6 所示。

同学们可以注册酷家乐个人版本的使用权，打开界面后平台会有新手教学方案呈现，通过基础的绘制户型、放置模型和渲染后，我们可以基本掌握该软件的操作。软件还在不断地开发完善中，导出报价清单的功能模块即将上线，相信未来设计师的工作重点应该可以越来越多地放在设计中。

图 4.3.5 酷家乐制作的效果图展示（一）

图 4.3.6 酷家乐制作的效果图展示（二）

　　酷家乐的公众号开发的也比较方便实用，同学们可以在手机上下载安装。里面有关于设计软件、设计灵感和我的设计三个板块内容，设计软件中目前设置有软件介绍、最新功能、软件教程和立即体验等内容。设计灵感板块设置了大师案例、优秀设计和设计师故事，供大家参考学习。我的设计板块中设置了免费获课、方案营销、会员中心和我的名片。同学们在这个平台上可以学习加交流和吸粉（图 4.3.7）。

图 4.3.7 酷家乐公众号界面展示

4.3.5 三维家软件的应用及特点

三维家软件被称为 AI 智能设计,据说可以让设计师以一当十,在 1 杯咖啡的时间内,搞定设计、谈单和下单。三维家设计神器功能比较强大,软件的开发团队倾情于呈现所见即所得,力求让家居 3D 设计变得更简单。我们可以通过百度引擎来到三维家网站的界面,如图 4.3.8 所示。

在这里我们可以免费注册,但要注意每天限量 500 个注册名额,注册要趁早。三维家软件有 3D 通用模块、橱柜设计模块、衣柜设计模块、铺砖设计模块、顶墙设计模块和水电设计模块等专项模块供大家选择使用,如图 4.3.9 所示。

图 4.3.8　三维家软件网站

图 4.3.9　三维家软件模块组成

三维家软件的优势特点在于以下几个方面（图 4.3.10）：

傻瓜操作：零学习成本、轻松上手无须下载安装、在线体验 1 天学会、3 天成为设计达人。

超炫效果：全球顶级效果图引擎、全真实 3D 模型、VR 全景体验虚拟现实。

专业智能：1 分钟户型、3 分钟效果图、橱衣柜系统、满足各种定制家居吊顶、铺砖神器、让设计更高端大气。

海量图库：海量设计方案、海量 3D 模型素材库、海量 VR 全景体验。

销售利器：手机一键营销、精准引流互动式体验、提高客户黏性、全屋设计、挖掘需求、提升客单价。

通用特性：一键回退、无须重做设计一键切换场景、一键更换材质、一键智能生成 CAD、报价清单、板件清单。

图 4.3.10 三维家软件优势

📖 小贴士

三维家软件有专门的客服销售，我在官网联系客服，马上得到了回复。客服询问我的需求之后，安排了专业负责销售的人员给我打电话，加我的微信，发给我如下介绍（同学们也可以充分利用网络资源，通过网络平台获取自己所需要的信息）：

三维家软件是针对全屋定制、装修公司的一款在线签单神器。

【主要设计】客餐厅、橱衣柜、吊顶、瓷砖、卫浴、淋浴房、门窗、榻榻米、酒柜、护墙板等室内装修效果图。

【学习简单】零基础 1 天上手，3 天学会（傻瓜式软件）。

【画图快】10 分钟设计方案，1 分钟出效果图，人工智能，自动设计。

【效果好】高清和 VR 全景效果图免费渲染，效果媲美专业 3D 设计师。

【功能强大】全自动生成 CAD 施工图纸，以及拆料单、报价单，水电图。

【售后服务】可通过线上视频学习、一对一入门指导、微信答疑群、在线客服解答等多途径学习。包学包会，解除您的后顾之忧。

【合作品牌】欧派、金牌、柯尼勒、百得胜、志邦、好莱客、皮阿诺、玛格、梦天木门、东鹏、巴迪斯、友邦、曲美、家装 e 站、星艺装饰等 300 多万用户都在用的设计软件。

4.3.6 Enscape 软件的应用及特点

Enscape 软件是专门为建筑、规划、景观及室内设计师打造的渲染产品，强大的实时渲染引擎，人性化的交互设计，是每一位设计师都不应该错过的渲染软件。Enscape2.8 是为 Revit、SketchUp、Rhino、Vectorworks 和 ArchiCAD 等软件而开发的功能强大的实时渲染和虚拟现实插件，安装 Enscape 后，Enscape 会添加一个新功能区，让您能够快速访问 Enscape 工具，控制插件的使用，比较给力的是即时出结果，让大家能够随时了解渲染状态，并且所有的操作都能够同步反映在渲染窗口中。2020 年 5 月 10 日更新为 Enscape V2.8.0 P3 中英文双语版。

在这里我们要提到"Enscape 实时渲染引擎教程"，它是一套系统讲解 Enscape 渲染应用的课程，课程涵盖知识点系统全面，从基础到案例，理论结合实战，带你一步步从小白变成渲染达人，适合具有一定 SketchUp 建模基础，想要迅速提升个人方案表现能力的学员学习。

4.3.7 Lumion 的应用及特点

Lumion 是一个实时的 3D 可视化工具，用来制作电影和静帧作品，涉及的领域包括建筑、规划和设计，它也可以传递现场演示。Lumion 的强大就在于它能够提供优秀的图像，并将快速和高效工作流程结合在一起，为你节省时间、精力和金钱。Act-3D 的技术总监 Remko Jacobs 说："我相信我们创造了非常特别的东西。这个软件的最大优点就在于人们能够直接预览并且节省时间和精力。"我们可以直接在自己的电脑上创建虚拟现实。Lumion 大幅降低了制作图片和视频的时间。在视频演示中你可以在短短几分钟甚至几秒钟就创造惊人的建筑可视化效果。Lumion 软件目前在景观设计中的应用比较多，在室内设计中的应用比较少。

该软件的重要功能是：渲染和场景创建降低到只需几分钟；从 Google SketchUp、Autodesk 产品和许多其他的 3D 软件包导入 3D 内容；增加了 3D 模型和材质；通过使用快如闪电的 GPU 渲染技术，实时编辑 3D 场景；使用内置的视频编辑器，创建非常有吸引力的视频；输出 HD MP4 文件、立体视频和打印高分辨率图像；支持现场演示。

4.3.8 iPad 手绘的应用及特点

在智能手机性能发展越来越好的情形下，很多人的 iPad 都不知道躺在哪里休息了，但是一向"善于敛财"的 Apple 怎么能坐以待毙？在这里跟大家分享一些关于 iPad 手绘的内容。

iPad 绘图软件有 paper53、sketches、procreate、procreate、Line Brush 和 SketchBook 等，针对不同的手绘内容，我们可以选择相应的绘图软件。在室内设计专业当中同学们更多的使用 SketchBook，该软件是一款新一代的自然画图软件，软件界面新颖动人，功能强大，仿手绘效果逼真，笔刷工具分为铅笔、毛笔、马克笔、制图笔、水彩笔、油画笔和喷枪等，拥有自定义选择式界面方式和人性化功能设计绝对是绘画设计爱好者的最佳选择。

> ▷ **小贴士**
>
> 制作效果图的软件还在不断的研发和提升。从前我们只能运用一种软件进行绘图，现在我们可以运用多个软件协同制作一张图片，相信未来的软件开发会更加具有兼容性，同学们要多涉猎软件的知识，灵活运用软件工具，让自己的设计想法更加完美的呈现。

课后思考

发挥你的想象吧，看看你能想象得出未来效果图的呈现是什么样子的？我们用什么样的工具？谈单或者汇报设计方案是什么样的情景？

4.4 怎样制作展演文件？

图纸能为室内设计师完成多种多样的任务。在项目的初始阶段，它们有助于向客户传达理念；在设计过程的关键阶段，它们会提供设计的图像和内容；而且它们又是施工文件的一个组成部分。然而，它们的效率却取决于其被演示的方式。设计师面前摆着许多可供采纳的演示方法，它们在设计过程中都有着特定的功能。室内设计师向公众传达的任何东西都应被视为是设计实践的反映。信笺抬头、名片、建议、宣传小册子、设计板、模型和投影图像，无一不起着传达设计师创意的作用。因此，开发一个简明的、图形具有连贯性的程序显得尤为重要。

开发展演文件，设计师需要掌握一项关键性的技巧，那就是善于开发引人入胜和卓有成效的演示，借此阐释设计决策的创意和过程。在这里，我们可以创建一个叙事结构，以讲故事的形式来概括演示，选择与内容相适应的媒介，比如 PPT 或者展板等。

设计师必须掌握如何让图纸被当作平面设计的元素使用，要让图纸在不同类型的演示中发挥作用，掌握如何用平面设计的原理去影响图纸的展示。我们的灵感可以从平面设计的参考资料中获取，平时我们需要多积累相关的参考资料，因为，那里边可以提供有关文章排版和叙事发展的有效示意。我们也可以把这些资料做成一个资料集，以备查阅。平面造型相关的杂志或者网站会刊登当季的设计大奖，这也是一个极好的学习平台。

展演文件是展览和演示设计方案的文件，目前展演文件的方式主要包括：幻灯片展示、平面折页展示、展板展示、动态图片展示、视频演示、模型展示和 VR 虚拟现实演示等。本书我们暂且把展演文件归纳为展板设计、实物样板展示和数字演示。

4.4.1 展板设计

展板设计要有侧重点，排列的结构需要井然有序，通过这个顺序结构来阐明各种设计的意图。展板设计要获得成功，就必须对演示的信息贯彻讲故事的原则，其中包括各个元素在版面设计本身的层次和展开叙事的顺序。版面设计可以让客户把尽可能多的时间花费在观看上，因而各个环节的演示速度应留有余地，观者的审视时间越长，就会有越多的发现。在设计演示板时，有以下问题需要考虑。

1. 板的数量

在决定演示板的数量时必须提出几个问题，项目的规模如何？需要多少张图纸才能对项目进行充分的描述？接下来需要有哪些类型的图？样本是否会被直接黏附在展板上，或是经过扫描后添加到图片中去？

2. 叙事开发和概述

开发一个演示叙事结构，从本质上来讲，就是把设计过程当作故事来讲述。一个构思精良的叙事结构要确定演示中应该包括什么，应该在什么时候展示？叙事结构要能突出重点，还要让观者保持对设计意图的大体了解，随着项目本身叙述的逐步展开，对设计进行进一步的了解，把握这个环节将是叙事的重中之重。

3. 间距调节、比例缩放及速度

开发演示版式时，应考虑人们将会如何察看，这一点是十分重要的。有些观者只会对演示板匆匆浏览而过,有些观者会驻足深入注视。有关物体间距调节和比例的版式策略,可以通过对这一情况的预计,调整它们如何被仔细观察的速度。

4. 类型介绍

将长度作为竖向尺寸来安排的设计板,被称为肖像型,而那些宽度比高度长的设计板则被称为风景型。它们各有各的优点:肖像型设计板可以通过印刷页面而引起一种视觉共鸣,按顺序展示时可让较少的横向空间容纳更多的信息;风景型设计板可以对景物进行更自然的符合透视效果的裁剪,它们的宽度也有助于使排序显得更加轻松活泼。

5. 白色空间

周围的白色空间可用来提升任何图纸、样本或文字在页面上的相对重要性。设计师应避免使演示版式过分复杂化,不要让太少的板塞太多的信息。可根据内容需要另行添加几块板。

6. 标题、说明和注释

在决定版式如何被人接受时,常为人所忽视的也是最重要的一个因素,就是选择用以表述设计师文本的字体。按不同字号来使用的清晰、易辨的字体可以为如何解读设计板平添又一种意义,还为板的设计提供了另一个平面造型的元素。在早期过程中建立一种良好的字体层次,可以让注释作相对于图形的精确定位。我们至少需要对标题字体、标签字体和图片说明文字所用的字体进行规划设计。

7. 网格开发

为了在演示板上建立物体的结构和定位,设计师必须开发一种模板,以网格的形式来提供准则。设定正确的网格,会使设计元素的分布趋于明朗化。如果没有把握从哪里开始着手,室内设计师可以依靠图形艺术,从中推导出下列范例,形成他们自己的网格系统。网格设计的样式如图 4.4.1 所示。

（a）单栏　　　　　　　　（b）多栏　　　　　　　　（c）锚式　　　　　　　　（d）模块型

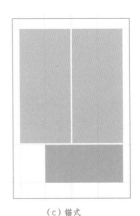

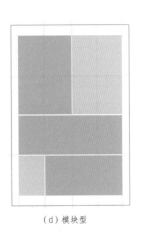

图 4.4.1　网格设计的样式

（1）单栏:用以强调独一无二的内容,例如经过渲染的平面图或者透视图等。

（2）多栏:为多个图像和文本留下余地。

（3）锚式:内容包括图表和文字,对页面起着锚固的作用。

（4）模块型:更加面面俱到的网格,为元素定位中的变异留下余地。

8. 版式策略

从图 4.4.2 的范例中可以看出,比较大的成套设计版上安置模块网格系统可采取两种方法。至于更多的方法,我们在本书中不做赘述,同学们可以参考版式设计的相关书籍和网站。参考的书籍有金伯利·伊拉姆的《栅格系统与版式设计》、佐佐木刚士的《版式设计原理》和视觉设计研究所的《版式设计基础》等；网站有"版式设计网""优设网"和"设计之家"等。此外，还有很多与版式设计相关的公众号，如"版式设计网""平面设计与版式"和"电商版式设计"等。

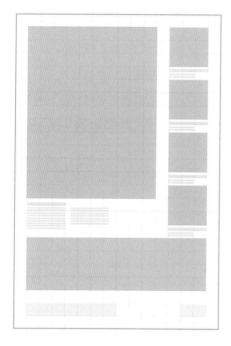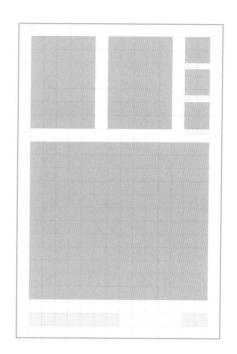

图 4.4.2 版式策略

4.4.2 样板展示

设计开发阶段准备的样板对整个室内项目中将要使用的材料起着"调色板"的作用。样板展示应按比例在每块板上介绍所使用的材料，让客户清楚地了解项目的最终装饰效果。

样板除了包括项目中每个主要元素的材料取样外，还可以包括与设计有关的家具产品，如椅子、桌子、台灯等的某些剪样。材料样板展示表见表 4.4.1。

表 4.4.1　　　　　　　　　　　材 料 样 板 展 示 表

元素	材　　料
地面	木材、瓷砖、软木、石材、地毯等
天花板	吸声砖、油漆、镶嵌板等
墙壁	油漆、墙壁覆盖物、塑料装饰物等
家具	木材、金属、塑料等
织物	窗帘、羊毛、饰面材料等
五金硬件	实际物品或有代表性的装饰物（不锈钢、黄铜、电铝等）

样板不仅应有助于反映设计师对空间的理念，还应详细描述在整个项目中需要谨慎注意的事项。呈丝缕状的热胶、织物脱落的线头和常见的杂乱无章的现场都会把演示的效果破坏殆尽。在准备样板的过程中，对任何剪自样品的材料，均应以专业的方式进行综合处理。包括将织物在硬质板上铺展开

来；将图片粘合在卡片上；对于地毯则要去除不相干的边料。

在给样板定购材料时，对准备使用的材料，室内设计师应准备三份副本，一份用于样板，另一份供设计手册收藏，还有一份留给客户（如果客户有此需求）。

为了展示足以体现设计师职业特色的样板，可以采取多种方式获取灵感。如在学习制作样板的过程中我们可以浏览一下专业图书和其他相关资料，看一看制造厂商如何陈列各自的产品，等等，这些可能都是一个令样板显得既时尚又新潮的良好途径。

在非正式的演示中，我们可以用托盘或盒子收装样品，这样客户可以触摸样品，并对样品进行评估。如果是一些要求严格的展演，我们需要制作样品簿册来展示家具、金属、纺织品和涂料的色卡等样品。甚至可以进行立体演示，把材料加以重叠，在泡沫板等硬质表面上排列样本。在正式演示时我们需要用精确的、带网格的模板，将样品和图片合理的融合展示出来，既美观又有条理。

4.4.3　数字演示

数字演示与印刷演示存在很大的差异。数字演示更多地要靠充分展开的叙事顺序来讲述设计的故事，两者之间最引人注目的差异就是由此产生的。投影演示是一种不像样板那样具有互动性的媒介，因为观者不可能随便在材料中来回翻动，也不允许他们的眼睛以较缓慢的方式来获取信息。因此，设计师必须费心给传达的内容编写一个剧本。

投影演示是作为一种线性叙事而展开的，其中的重要元素得到了一再重复，以确保观众对设计工作的理解。而设计展板则具有在不同的时间摆脱先后顺序去阅读的可能性。

随着计算机在设计专业中的日益普及，更多的演示是利用投影仪和屏幕，以数字的方式向潜在客户进行传达。在一般情况下，它可采取一系列的幻灯片形式来展示以前的工作、特定设计方案的理念和项目组织。无论对于演示者还是观看者来说，这种演示都是有用的，它足以使内容成为关注的焦点，并提醒演讲者在特定的时刻应该讲些什么。

许多应用程序参与了对数字演示的创建。苹果公司的 Keynote、Adobe 的 In Design 以及微软公司的 PowerPoint 和 WPS 的 pptx 都属于能便利演示的软件之列，设计师应该熟悉它们的技术和方法。

数字演示中存在很多的变数：作品投影其上的屏幕大小可能是未知的；进行演示的空间亮度是无法预测的；人们对演讲的反应也是无从预料的。那么，设计师将如何使观者做到全神贯注呢？我们总结了以下几个重点：

（1）放大你所用的字体：印刷版式中所使用的字体，在投影到屏幕上的时候可能会难以辨认。对于图片说明和标题，尺寸可稍微放大一些。

（2）限制使用衬线字体：衬线的字体，粗细各不相同，虽然对于阅读长篇文本是有用的，但在投影时可造成模糊。

（3）将内容分隔成小块：如像大幅板的操作那样在一张幻灯片上罗列太多的内容会造成图像过多比较杂乱无章的结果，因此可以不妨将它们分隔开来。

（4）不要用无序列表：无序列表没有数字序号，过于简化，对信息的传达不利。

（5）避免剪贴画：剪贴画很可能会让观者对演示的内容提出质疑，可多用自己的手绘图。

（6）提高调色板的对比度：投影对色彩管理的控制很有限，提高对比度将可确保你的设计清晰易辨。

（7）避免展示样品：和样本相比，每个投影仪的色彩精确度是各不相同的。如果打算和客户谈一谈样品，那就最好把真实的样品带在身边。

（8）在重要时刻创建概括性幻灯片：如果你已经谈了很多创意，那就可以把它们全部收入一个列举页面，进行概括总结。

（9）了解你的数据：熟记任何重要的或无关紧要的数据，这样你就能在任何时候对它们驾轻就熟。

（10）确定演讲速度：在演示软件中设有计时功能是一件好事，但它可能使你变得匆忙，所以，演示前，多练习几遍才是最好的选择。

（11）给你的内容确定速度：展开你的演示，使所有的元素形成均衡。不要把时间耗费在单调乏味的内容上。

（12）给你自己确定速度：演示是你自己的事。放松一些，为了让人全面了解你的创意，该花的时间还得花。

> ### 📖 小贴士
>
> （1）在展演文件中，我们还会遇见 GIF 动图和微电影等。制作 GIF 图的软件有 GIF 相机、QQ 表情动画制作软件、Flash 制作软件、Photoshop 制作软件、创意相机、B612 咔叽、Ulead GIF Animator、Fireworks 和 Imageready 等。
>
> （2）制作微电影的软件有 Premiere、After Effects 和会声会影等。Premiere 主要用于视频的剪辑，画面编辑质量感好，是最常用的视频剪辑软件之一，广泛应用于广告制作和电视节目制作中。Premiere 也是一款专业的视频软件，适用于专业视频编辑人员，专业性高，学习和操作起来比较麻烦。After Effects 适用于从事设计和视频特技的机构，包括电视台、动画制作公司、个人后期制作工作室以及多媒体工作室。但是它对硬件要求高，制作难度大，操作复杂，用户群单一。由于没有中文版，国内的用户只能使用英文版本或者破解版，运行不太稳定。会声会影也是一款视频软件，具有图像抓取和编修功能，可以抓取，转换 MV、DV、V8、TV 和实时记录抓取画面文件，并提供有超过 100 多种的编制功能与效果，可导出多种常见的视频格式，甚至可以直接制作成 DVD 和 VCD 光盘。主要的特点是操作简单，适合家庭日常使用，有完整的影片编辑流程解决方案、从拍摄到分享、新增处理速度加倍。
>
> （3）VR 是 Virtual Reality 的缩写，中文的意思就是虚拟现实。虚拟现实是多媒体技术的终极应用形式，它是计算机软硬件技术、传感技术、机器人技术、人工智能及行为心理学等科学领域飞速发展的结晶。主要依赖于三维实时图形显示、三维定位跟踪、触觉及嗅觉传感技术、人工智能技术、高速计算与并行计算技术以及人的行为学研究等多项关键技术的发展。随着虚拟现实技术的发展，真正地实现虚拟现实，将引起整个设计界发展的巨大变革。

课后思考

目前的展演文件有什么缺陷和不足，你还想运用什么方法进行展演？

4.5 怎样撰写设计说明?

一部好的设计作品要为之配备一段好的设计说明。设计说明可以把设计者的想法和灵感直面地展示给大家。好的设计说明可以为作品加分。本书就以室内设计为例子为大家讲解一下如何写好设计说明。

设计说明主要包括几方面内容：设计的题目或者是作品名称；介绍设计公司、设计师、项目面积、工程造价、装饰材料等信息；阐述设计理念，灵感来源，讲解作品设计的背景和初衷；介绍项目原始户型的优缺点；简单阐述该项目中，业主的一些要求和想法，以及自己是如何对户型、功能需求和人行动线、环境、照明、通风等问题进行分析和设计；阐述自己的设计思路，展示项目未来所呈现出的效果；中间可以穿插些作品的设计过程和故事；最后，进行总结并展望。

以下我们列举一个常州工程职业技术学院校史馆的设计说明案例供同学们参考。

常州工程职业技术学院 60 周年校史馆设计说明

通过对常州工程职业技术学院 60 年人文历史与当下"建设一流高职院校"发展目标的解读，确定校史馆现代简约的设计风格。通过对馆址环境的分析，与原有大环境设计呼应协调并延伸提升，略带中式意蕴。

常州工程校训"励志、践行"，校徽形象为出壳的飞鸟，因此确立本校史馆设计主题为"匠心·翱翔"。在校史馆展示线路上形成"心怀匠心（序厅）、出生待哺（高职区入口）、成长试飞（核心区沙盘）、长成翱翔（展望未来与出口雕塑）"四个抽象的造型、用一个主题贯穿。以校园文化提炼设计主题，以无形统摄有形，以有形映照无形，树立中正宏大的格局气象。

在空间序列上，按顺时针布排过渡区、序厅、中专时期、高职时期、未来展望，返回到序厅，形成圆满式环形路线；用材上，主要采用铝板饰面与木饰面，分别代表学院科技、人文两大特点，并以材料颜色亮度引导观众情绪；装饰色提取校徽上红、蓝，雅化后点缀使用。

架构好整体空间，在展陈设计细节上，延伸贯穿设计主题，推敲考究装饰用材，精心架构展示内容，用实际行动，印证"匠心"主题，推广"匠心"价值。

另外，应用弹性开放的设计理念，在展示的关键部位植入现代媒体技术，丰富了展示效果，也便于校史馆内容更新、技术提升。笔者希望采用简洁的设计语言表达丰富的设计内涵，更希望可以站在前瞻、国际的角度，树立一个独特的、彰显常州工程精神的校史馆。

设计母题：匠心·翱翔（图1）。

心怀匠心（序厅）：蛋，墙造型如跃跃欲试翅膀，如翻开的书页，如波澜的历史，如内心的激情，含蓄有力（图2）。

图1 设计母题

 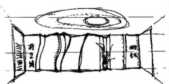 

图2 序厅

出生待哺（高职入口区）：如待哺的幼鸟，如校徽外围的造型，进入一个新的时期（图3）。

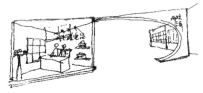

图3　高职入口区

成长试飞（核心区沙盘）：如成长试飞环抱的双翅，如羽翼的保护，形成学校规划与发展展示沙盘（图4）。

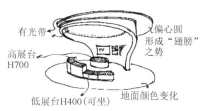

图4　核心区沙盘

长成翱翔（展望未来）：如天高地阔，展翅翱翔等（图5）。

图5　展望未来

过渡区：校史馆门口区域，在图文楼一楼西厅，与大环境呼应协调，设立虚隔断，形成相对聚集的"场域"，采用雕塑造景点出设计主题，并隔开卫生间，背后区域或可作为临时展厅（图6）。

图6　过渡区

课后思考

从上面的设计说明您学到了什么？您对自己的设计说明有什么打算？

4.6　怎样进行设计手册的装帧设计？

装帧是一部书稿在印刷前对书的形态、用料和制作等方面所进行的艺术和工艺设计，主要内容包括开本、封面、护封、书脊、版式、环衬、扉页、插图、插页、封底、版权页、版面设计、装订形式以及材料使用等方面。

4.6.1　装帧内容

本书所指向的装帧对象是设计手册，手册的装帧与书籍的装帧在内容上有一些不同，手册的装帧主要包括封面、目录、内页、封底，有需要可加前言和后语等内容。

设计手册的封面设计主要由图形、色彩和文字构成，封面设计的风格应与手册中的室内设计风格内容协调统一，用这些元素来渲染一种情调、气氛、意境，从而表现出某种风格。手册的内页应包括施工图和效果图，有需要还可提供意向图。封底不宜复杂，简单明了即可。设计手册的前面可以设置前言、序或设计者要表述的内容等；最后是后记（又称"跋"）。图 4.6.1 为手册装帧案例。

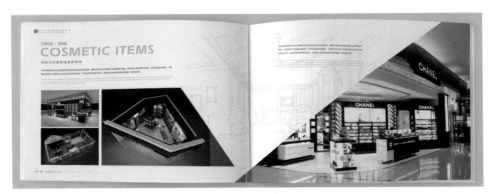

图 4.6.1　手册装帧案例

4.6.2　装帧要素

装帧设计的要素，我们主要考虑文字、图形、色彩、构图等。封面的文字要简练，主要是设计作品的名称、作者名和公司名等。这些留在封面上的文字信息，在设计中起着举足轻重的作用。封面搭配的图形可以是摄影图片或插图，也可以是写实、抽象或写意的图形，这要根据设计内页中设计作品的风格来选择。设计手册的色彩同样要与手册中的作品风格一致，在设计的过程中我们要发挥色彩的视觉作用，色彩是最容易打动观者的设计语言，虽然每个人对色彩的感觉有差异，但对色彩的感官认识是有共同点的。因此，色调的设计要与设计方案风格的基本情调协调一致。构图的形式有垂直、水平、倾斜、曲线、交叉、向心、放射、三角、叠合、边线、散点、底纹等。

4.6.3　装帧形式

装帧时我们要考虑纸张的选择和装订方式的选择与创新。装帧形式较常见的有卷轴装——中国一种古老的装帧形式，特点是长篇卷起来后方便保存，比如隋唐时期的经卷；经折装——在卷轴装的形式上改进而来的，特点是一反一正地翻阅，方便了翻阅；旋风装——在经折装的基础上改进的，特点是像贴瓦片那样叠加纸张，也需要卷起来收存；蝴蝶装——将书籍页面对折后粘连在一起，像蝴蝶的翅膀一样，不用线却很牢固。同学们可根据情况选择装帧类型。装帧形式案例如图 4.6.2 所示。

设计需要了解
传统装帧◎

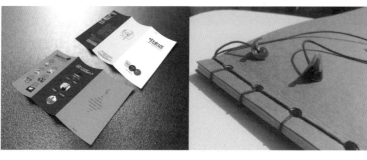

图 4.6.2　装帧形式案例

延伸阅读

· 柳林、招全仪、明兰，《书籍装帧设计》，北京大学出版社，2016。

· 铃木成一，《设计书 – 铃木成一装帧手记》，何金凤译，中信出版社，2018。

· 西蒙·古德和艾拉·米村，《做书》，浙江人民美术出版社，2018。

· "设计之家""图怪兽"和"千图网"等网络资源给我们提供了很多国内外关于装帧设计的案例，同学们可以进行搜索和学习。

课后训练

按照你的室内设计作品的风格特点选择与之相匹配的装帧形式，完成一本属于自己的设计手册吧。

课后思考

如何让客户在看到你装帧的设计手册时就被你传递的气场吸引。

第5单元　设计展示

学习目标

如何搭建设计方案的展示框架？

如何让你的方案展示与众不同？

如何实现展演内容的可视化及有效传达？

如何进行方案讲述？

5.1　怎样展示设计方案？

作为设计师，当我们看到对象物时，往往会不自觉地将自己带入到那个对象物当中进行观察，这样的特点，反映出设计师的观念和眼睛之间的联系。而我们的客户想要获得同样的感受，需要设计展示赋予自由，借助知觉层面的铺垫，调动所有的信息传递工具才有可能帮助客户实现真正的理解。显然，我们需要一定的计划。在准备阶段考虑以下"5W1H"问题：

（1）What（内容）：我们想演绎什么？

（2）Why（目标）：演绎的目标是什么？

（3）Where（地点）：演绎的地点和环境怎样？

（4）When（时间）：演绎的时长和节奏如何分配？

（5）Who（目标受众）：我们想要把这些信息传递给谁？

（6）How（媒介）：我们要借助哪些工具？

明确之后，我们开始一定的编排，或者说是翻译，以一种能令客户理解和期待的方式去展示，从结果开始，从设计的本身开始，从场地、使用、功能来说。方案演绎的过程是不断回答问题的过程，在问答中引导内容的递进和深入。"5W1H"的展示思路示意如图 5.1.1 所示。

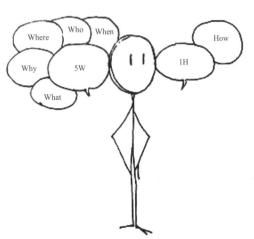

图 5.1.1 "5W1H"的展示思路

5.1.1 故事版

在项目的展示阶段，有效的向客户传达理念，需要有一定的演示方法。设计师向受众传达的任何东西，都应是设计实践的反映。而这中间存在着一个关键性的技巧，那就是引人入胜和引发共鸣的演示，这需要我们创建一个叙事架构，以故事版的形式娓娓道来。在古代中国，说书人是以一个职业的形式存在，即便新数字媒体逐渐替代了这个职业，我们依然喜欢好故事。

创建一个叙事架构，从本质上说，就是把设计过程当作故事来讲述。或采用逆向思维，设计师可以依据完整的故事版反思空间设计的形式、蕴含的价值，以及设计的品质（图5.1.2）。那么一个基本的叙事架构应该具备什么：

（1）设计的意图是什么？（创意主题及模拟情境）

（2）演示的内容包括哪些？（故事和想要表达的信息）

（3）每部分在什么时候出现？（时间轴）

（4）重点突出和强调哪些设计层面？

描述客户和空间之间的各种关系时，故事是一个不错的途径。不过，平铺直叙很难让设计给受众留下记忆点。如同看一部文学作品，中间可能有高潮、有铺垫，或有一些让人感到惊悚，有些情绪上的变化。然而情绪是很抽象的，客户进入空间，看到的就是一个生活空间，而我们要解释的时候需要转译。类比文学构成方式，我们可以"嫁接"一些思路。比如小说，通过故事反映生活、表达思想感情，其编排的最大特点在于：以时间与空间为线索，伴随故事情节的跌宕起伏。例如：外婆家、小城故事。而如果是散文，不讲究音韵、不讲究排比，属于自由的文体，那么"形散而神不散"是基本的特质，字里行间体现出与主题的联系。换言之，就是元素在空间的重复、解构和重构。例如：慢生活、6070。图5.1.3为文学构成方式。

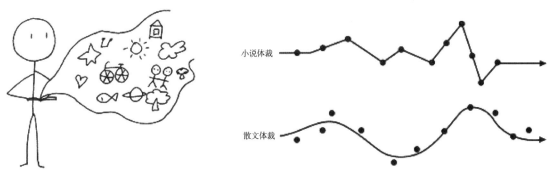

图 5.1.2 创作故事版　　　　　　　　　　　　　　图 5.1.3 文学构成方式

引人入胜的故事大大胜过对空间功能的描述。要发挥作用通常包含以下五个元素：

（1）引起情绪反应、引人关注的初始状况。

（2）（讨人喜欢的）主人公。

（3）主人公必须克服冲突和阻碍。

（4）明显的故事发展和转变（反差）。

（5）高潮，包括故事的结论或寓意。

有时，我们可以借助"名（家）师效应"（贝聿铭、丹下健三、皮尔·卡丹、阿尔托），单单这些人名就足以让许多人佩服，从而对他们的设计作品抱着一种接受的预备姿态。以故事为线索呈现出极富感染力的视觉素材，能让观者对故事情节一目了然：空间所处的环境、主人公与空间产生的互动、空间被使用时的状态、主人公的活动行为、使用空间的动机和目的等信息。

5.1.2 影像场景

通过将图片景象、人物以及感官体验的抽象元素混合成影像，充分展示空间在未来场景中的使用细节，或列举该创意的各方面特点。不仅强调了空间设计的功能，还体现了应用场景所产生的价值。例如：展示空间漫游时体验者的反应及情绪。

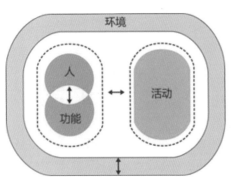

图 5.1.4　影像场景的主体关系

图 5.1.4 是对场景更加具象的表述。场景，描述的是怎样的人在怎样的环境，完成怎样的活动。可以看到，四个要素在场景中互相作用，从而共同构建了一个完整的场景。例如，人需要完成学习活动，那么在图书馆或是在办公室，会对人所完成的活动产生不同的影响。同样，人所完成的活动也会对环境造成影响，如可变家具。

在需要对空间体验进行完整展示的设计项目中，影像视觉无疑是最适用的，从全景动画，VR 体验到全息投影，制作一段令人信服的影像需要设计师不断练习，因为这不仅需要设计能力和技术，还需要运用各种媒体与设备。配合故事板或者脚本，也许我们不需要演员，但这确实挑战设计师在未来使用情境内构架故事并展示空间概念的能力（图 5.1.5）。

图 5.1.5　全景动画截图

尤其当情绪成为互动必不可少的一部分时，事情变得更为复杂。例如我们在考虑老年住宅时，智能家居能帮助老年人进行健康护理。但在这之前，需要先建立学习系统。这些技术如果能以老年人所预期的方式行动时，让老年人群感到安全时，技术才能获得信任。因此当我们使用影像场景展示空间时，需要保证没有遗漏信息和状态，以保证客户不需要重复问题。客户费力度或"轻易度"可以作为一个指标，这些指标从客户的角度说明了设计者在为客户解决问题时的难易程度。

5.1.3 行为模拟

行为模拟可以认为是对交互形式的模拟，这种方法不仅适用在设计阶段，也可以在展示阶段延伸情境，帮助使用者或者体验者了解空间的交互品质。在故事版、场景描述的基础上叠合该方法，不仅能够让使用者或体验者探索有形的交互行为，还能够帮助使用者或体验者感受表现方式的优雅性和吸引力。回到我们刚才提到的例子，作为设计师理应考虑老年人有限的生理能力，这些很难通过常规的市场分析或熟知的工具挖掘出来，在展示的层面上也一定会不同。

当观众徜徉在博物馆面对那些闪着历史幽光的传统艺术品时，他们同时也在与展示设计师对话，那是一种节奏舒缓的对话。当人们在现代艺术馆信步时，会被奇特诡谲的展品弄得眼花缭乱，那是一种节奏活跃的对话。很明显，不同的节奏依据不同的展示内容以及不同的设计宗旨、格调，承载和传播不同的信息。展示中的设计对话及流程如图5.1.6所示。

图 5.1.6　展示中的设计对话及流程

主要流程如下：

（1）以人的视点来看，在立面，会有一种行走在峡谷和山川之间的感觉。

（2）以人的活动来看，在平面，会有一种行走在水系，很多支流、不停地分岔的感觉。

在美国艺术社会学家拉塞尔·里奈斯（Russell Lynes）的专著《兴趣制造》中，他指出"事实上，制造兴趣（taste）在美国是一种主要产业。你能想象有任何别的地方，有哪个国家会有像我们致力于告诉人们应当如何装饰他们的居室、如何着装、如何待人处事等那么多的书刊和杂志吗？近一又四分之一个世纪当中，在美国，兴趣的供应已经成了大生意，雇佣了成千上万的人在编辑部里、印刷厂里、画廊里和博物馆里……"设计师在审美兴趣和设计兴趣制造中扮演着非常重要的角色，在承担着协助其他产品创造物质和精神需要的同时，自己也在创造审美需要和设计需要（图5.1.7）。

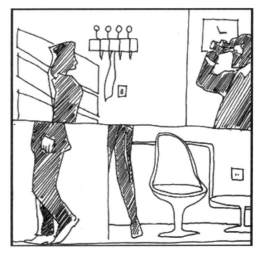

图 5.1.7　设计视角的兴趣制造

我们可以在展示中以照片或视频的方式体现设计主题，这些通常是在设计阶段积累下来的，配以视觉和文字描述。但有时设计信息的多元性，例如引入实物展示，会增强有效性和竞争力。在服饰的商展空间中，不同质料、款式、颜色的服饰设计传递出不同的功能、文化、社会信息等，这些需要做展台、展示照明、展示音响、展示氛围、展示流线等一体化考虑，涉及许多物质、精神事物的信息。此外，展示者的内在气质、外在体形、素养以及表演才能和风度，也能传递出不同质量的信息。

5.2　怎样演说设计方案?

　　设计师必须将图纸转化成平面元素展开思考。我们会选择微软公司的 PowerPoint、Adobe 的 Indesign 或 Pdf 及苹果公司的 Keynote 进行电子展示，也会兼顾纸质方案集，这些对排版有较高的要求。如果我们能恰到好处地进行平面设计，那么不仅可以为画面创造生动性，同时也能够推动叙事发展，成为有力的示意。常见的演说辅助工具如图 5.2.1 所示。

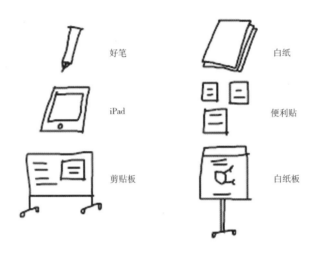

图 5.2.1　演说辅助工具

5.2.1　设计元素可视化

　　对设计进行整合性演示：能够有力地说明你的思考方式，以及创意、形成和交流设计理念等能力。视觉语言是设计师最有力的交流语言。

图 5.2.2　演说设计内容

1. 框架

　　所有展示的内容都需要经过编排处理。每场展示汇报的时间有限，选择代表性的内容进行展示，足以体现设计师的创新能力、专业水平和工作热情。电子展示与印刷演示是有差异的。电子展示更多地要靠充分展开的演绎脉络来讲述设计，因为演绎的过程观者不可能随便来回翻动，也不允许以较缓的方式在每页多做停留，因此，必须给传达的内容编写版式（图 5.2.2 ）。

2. 图文

　　考虑图文关系。文字可以为图片补充信息和说明，但也可能造成误解。以清晰、易辨的字号和字体，充当另一种平面造型元素。图面里要有东西可以挖掘，每一张图中有效图的位置，字的大小，任何一个细节都要精心计算。图 5.2.3 为演说 PPT 范例。

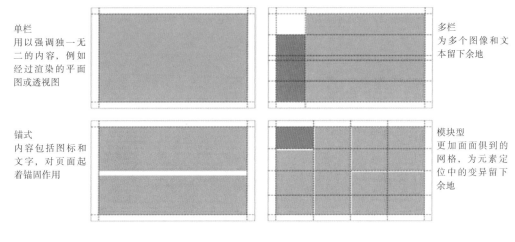

单栏
用以强调独一无二的内容，例如经过渲染的平面图或透视图

多栏
为多个图像和文本留下余地

锚式
内容包括图标和文字，对页面起着锚固作用

模块型
更加面面俱到的网格，为元素定位中的变异留下余地

如何演说设计方案（一）Ⓜ

如何演说设计方案（二）Ⓜ

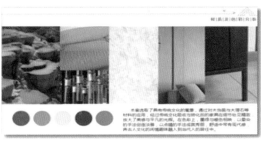 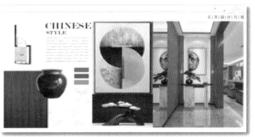

图 5.2.3　演说 PPT 范例

使用文字时我们需要注意如下细节：

（1）选择可读性的基本字体。

（2）尽可能保持统一的格式。如文字全部横向排列或者竖向排列。

（3）注意字符和行之间的空间，页面的排版也会涉及跨页，注重跨页之间的联系和互补。

（4）关注页面格式上的变化。标题和区块形成结构是个不错的选择。

（5）利用不同风格和颜色的字体刺激感官（图 5.2.4）。

创造　演示　记录
可视化思维　视觉引导

图 5.2.4　不同的线宽和字形

在一张幻灯片上罗列太多的内容会造成图像过多，不妨分隔开来。多用手绘图，少用剪贴画。所有元素形成均衡，对图像能完成简单的处理。比如给图纸添加质感、阴影和其他材料特质，可以提高可读性。保留工艺过程图的草图，可以作为合作工具，以便在与客户、顾问或承包商一起举行的会议或演示中迅速传达创意理念（图 5.2.5）。

壁挂式书柜

双人床
1500×2000

主卫生间

推拉门衣柜

双人床
1800×2000

单开门衣柜

平面布置图

图 5.2.5　手绘草图（单位：mm）

3. 图标和注释

以图标让可视化更加引人入胜。图标是物体的最简图，与实体项目没有相似之处，是用来代表某些内容的标志。

如果能让文字在成为注释的同时形成层次，并精准定位版面中的图片，那么版式会增加更多的意义。可以结合线框、文件夹、箭头和线条的图形元素，建立内在联系和秩序（图 5.2.6）。

4. 颜色

从颜色的诞生，可以发现颜色本身蕴藏的含义远比我们想象的丰富。颜色不用过多，少量的几种，便可以强调或说明其内在联系。比如为了突出重要内容，可以加边框、或者加阴影，留白是必不可少的（图 5.2.7）。

着色　　　　　　给背景着色

图 5.2.6　图标及图形元素　　　　　　图 5.2.7　以色彩凸显内容

5.2.2　方案讲述

1. 口头表达

口头表达是图形与文字表达的进一步深化。由于空间设计的最终实施必须经由客户的认可，图形与文字的表达方式尽管具有传递信息的功能，但不能替代人与人之间直接的互动交流。尤其是交往中的口语伴随着设计师的表情与肢体语言，能产生特殊的魅力。此外，也应注意演说时的着装（图 5.2.8）。

身材矮胖、颈粗圆脸形者，宜穿深色套装，浅色高领服装则不适合

身材瘦长、颈细长、长脸形者宜穿浅色、高领或圆形领服装

方脸形者宜穿小圆领或双翻领服装

图 5.2.8　演说着装

以下为常规演讲逻辑，但并不限定于此，结合前面所提的设计方案展示方法，能达到事半功倍的效果：

（1）对项目背景内容的简要分析，如如何发现问题、展开工作、解决问题。

（2）项目分析，讲述设计概念的缘由、主题的确立等内容。

（3）分析优劣，讲解平面布置图。

（4）围绕主线，分块阐释从概念到落实的不同阶段。

（5）在规定时间内有条不紊地讲述完方案，并做简要归纳，同时将"亮点"再次向受众提及，以加深印象。

注意事项：方案讲述同步展示设计成果。注重语音语言和形态仪表，照顾观者的情绪，保持对场面的把控，力求一次愉快的设计分享。微笑是自信的标志，在讲述方案时，面带微笑，不但可以给听众一种温和开朗的印象，而且可以建立一种融洽气氛（图 5.2.9）。

图 5.2.9　演说表情

汇报时，头部不能随意晃动，但也不能保持一个姿势，而应随着方案内容的变化而变化，以辅助表达不同的情感。当表示请求、希望和思索时，可以把头部微微抬高，当表示谦虚时，可以稍稍低头。头部向前，表达的是倾听，头部偏向侧方，表现的是自信和高傲等。在开场和结尾时，配合的鞠躬敬礼，低头应配合弯腰，但不要让听众看到你的头顶（图 5.2.10）。

汇报是以"讲"为主，以"演"为辅，互相渗透、互相促进的统一，"晓之以理，动之以情，喻之以利，导之以行"。确定演说结构之后，只需不断往里面填充内容：开场应该说什么，主体需要说什么，重点在哪里，该如何结束。将整体汇报演说分割为 4 个部分，再提炼出每部分的关键点。尽量减少生僻词汇、冗长反复的句式，舍弃时髦花哨的表达方式，慎用技术术语，让客户享受 Kiss 体验（Keep it Simple, Stupid）。演说活动的注意要点如图 5.2.11 所示。

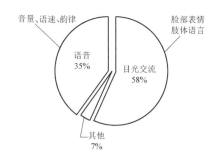

图 5.2.10 演说时头部的动态变化   图 5.2.11 演说活动的注意要点

根据你可以支配的准备时间和汇报主题的不同，调整互动。注意时间留白，静心等待提问，留意观者的问题。所谓答，应该是经过思考后针对问题做成的回应和解读。虚心接受观者提出的意见，并对作品进行完善与整改。

小贴士

在演说过程中，如果搭配音乐、香薰等进行环境氛围营造，会带来意想不到的效应。

2. 白板书写

在白板（黑板）上书写或画图，视不同的动机和目标而定，主题可以在书写面的最上方或中心位置。试着用较大字体来写，至少 2 ~ 3.5cm，甚至更大。注意用笔（记号笔或者粉笔）：直接下笔并用笔的宽边。此外，书写中可配合框架、图形和简单的符号，如果是用粉笔，可用彩色粉笔，让内容更加吸引人。白板书写的注意要点如图 5.2.12 所示。

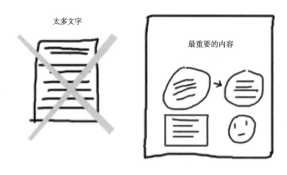

图 5.2.12 白板书写的注意要点

课后训练

请以"人""自然""城市"为关键词，选择一个场所进行展演，结合本章内容，通过多方位的情景展示，呼应主题，获得听众和观者的认可。

第6单元　设计总结

学习目标

如何进行设计总结？

如何进行设计项目归档？

如何撰写总结报告？

6.1　设计项目怎样归档？

6.1.1　项目总结

1. 面向客户

（1）基于访谈来评估，可以采用面谈、走访、电话询问等方式。在这种有意识的状态下，使用者或者体验者对所在的情境更加敏感。提问意向见表 6.1.1。

（2）利用调查来评估，可采用调查问卷、网络投票等方式。设计师经常需要忙于在客户心中建立起对自己的信赖，让他们认为设计方案本身是具备价值的，或设计师本人具有价值。假如我们能善于用商业标准来衡量自己对于客户的贡献，那么就不会因为好的设计得不到合理的评价和认可而困惑。

表 6.1.1　　　　　　　　　　　　　　　提　问　意　向

行为追踪	这些是怎么发生的？你知道它是如何运作的吗？	理解联系和关系	你和……共同使用这个空间吗？如何沟通？
	什么行得通？什么行不通？		你对空间的描述如何？
询问	你对空间最初的记忆是什么？	比较和联想	这个空间和那个空间有什么区别？
	你觉得起到什么作用了？		五官的感受从何而来？
	活动在什么时候发生？进入和离开发生了什么变化吗？		在未来，你希望空间有哪些不同？

每次访谈和观察之后，我们应该问自己一些关键问题，例如：

（1）哪些地方用户提出的问题最大？

（2）问题背后有什么需求？

（3）什么样的创新可以让空间实现价值？

……

2. 面向设计团队

可以采用与同类空间设计案例作对比，小组讨论等方式进行总结。

（1）定量方法。流程改进、成本缩减、原材料减少、市场接受度等；

（2）定性方法。消费者满意度、品牌信誉、审美吸引力、功能改进等。

总结实际上是再次回望客户的需求，当我们从头到尾为用户设身处地地着想时，就可以达到所谓的透彻理解，尤其是当我们看到客户生活中有提升的部分。请保持一颗纯粹的心，我们会发现，任何发现都有助于产生更加人性化的解决方案。基于客户需求的思考如图 6.1.1 所示。

3. 面向自己

作为设计的初学者，要对我们的思维方式、行为和态度进行反思，因为这些会影响我们后续的行动。你需要罗列以下信息：

（1）本次设计我有哪些收获？

（2）我遇到了哪些困难，是如何解决的？

（3）我还有哪些困惑？

（4）下一步我要做什么样的打算？

（5）我希望老师及团队给予的帮助有哪些？

进行自我思考，尽可能从项目中获得反馈，反馈不仅仅是一系列意见的收集，更能成为一种更好理解自己创意和目标的工具（图 6.1.2）。

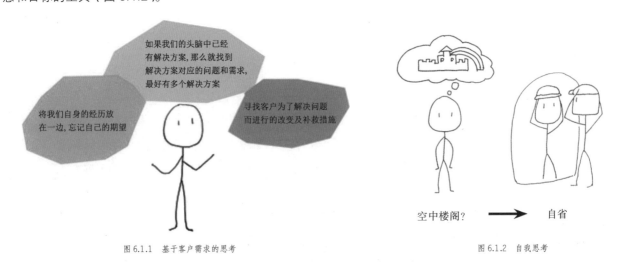

图 6.1.1　基于客户需求的思考　　　　　　　　　　　　　　图 6.1.2　自我思考

6.1.2　文件归档

1. 电子文件夹

电子文件夹包括"项目报告书""项目方案书""汇演文稿"（图 6.1.3）。

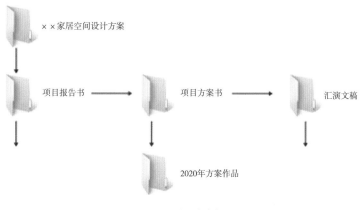

图 6.1.3　电子文件夹

2. 纸质文件

将设计成果整理成册，部分内容编入项目档案夹（图 6.1.4）。

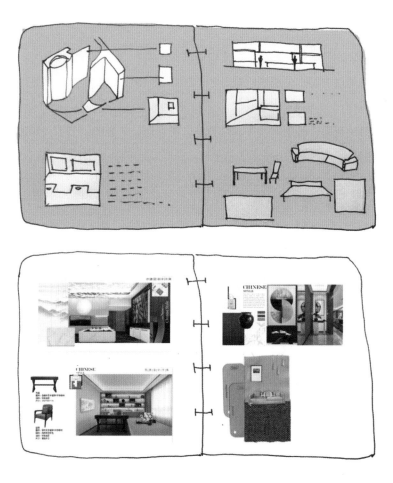

图 6.1.4　项目档案夹

借助优质的彩色打印机，扩大以印刷形式来演示创意所能动用的资源。印刷格式能影响设计创意的转译效果，因此让设计师了解借助绘图技巧去支持这一传播是十分必要的。它将整合性地演示你的设计，有力地说明你的思考方式以及你创意、形成和交流设计理念等的能力。

以活页夹的形式，会有利于统一格式。也许一个项目看上去十分庞大，但是可以用一个制作良好的演示簿让设计方案变得简单易懂。图片的尺寸大小可以根据问题的分析过程、解决步骤、最优解决方案、整体排版来安排。缩放图片的原则是保持图片的比例。在图片的周围我们可以辅助材料样品和模型，显示主要关系之间的整体设计。无论是用来取得未来客户的青睐，以总结经验进一步提高技巧，还是以此向客户推销你的设计理念，这些都将是重要的工具。对于你的团队，这也是一种互补，不仅给项目带来新技能，同时还能触发不同的想法。

6.2 怎样撰写总结报告？

总结的结果，最终要以文字与图片相结合的形式予以体现，并归档存放。结合设计项目，对应项目流程节点，根据实践操作经历，采用图解与记录相结合的形式撰写项目实践报告，其中对设计和制作的过程应不少于60%的内容。

6.2.1 清点及整理素材

对与项目方案有关的图形资料进行清点与分类，主要包括以下内容：

（1）策划过程图文资料：空间概念图、分析图、规划图、平面意向图、装饰材料计划图、陈设选配、调研报告、学习过程记录照片等。

（2）施工图：平面图、地面铺装图、吊顶布置图、灯具定位图、点位布置图、节点大样图等。

（3）效果图：手绘及电脑制作。

（4）工作模型照片。

对素材资料进行整理、补缺与完善（图6.2.1）。

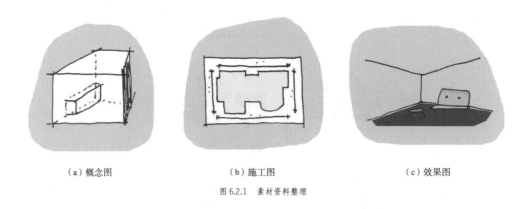

（a）概念图　　　　　　　　（b）施工图　　　　　　　　（c）效果图

图 6.2.1　素材资料整理

6.2.2 总结方式

1. PPT 报告

PPT 报告一般包括封面、扉页、目录、设计者简历和设计总结等内容。

（1）封面。主要包括插图与文字（图6.2.2）。

（2）扉页、目录、设计者简历（包括学习经历、兴趣或特长等，可附个人照）。设计目录如图6.2.3所示。

插图要求：选择设计方案中的效果图

文字要求：项目名称、设计者姓名、班级、学号、指导教师

图6.2.2　封面（学生作品）

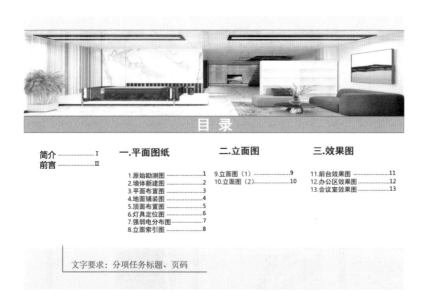

目　录

简介 ·············· Ⅰ
前言 ·············· Ⅱ

一.平面图纸
1.原始勘测图 ············1
2.墙体新建图 ············2
3.平面布置图 ············3
4.地面铺装图 ············4
5.顶面布置图 ············5
6.灯具定位图 ············6
7.强弱电分布图 ···········7
8.立面索引图 ············8

二.立面图
9.立面图（1） ···········9
10.立面图（2） ··········10

三.效果图
11.前台效果图 ···········11
12.办公区效果图 ··········12
13.会议室效果图 ··········13

文字要求：分项任务标题、页码

图6.2.3　设计目录（学生作品）

（3）设计总结。包括项目分析、构思过程、成果展示、文字概述。

1）项目分析。指在该项目设计之前，对周边环境、空间状况、客户要求、使用需求等相关信息的描述、理解与分析。如办公空间设计，主要针对公司运营、品牌定位、主要产品、运营理念、发展方向、使用者情况等进行描述与分析。

2）构思过程。将策划过程图文资料筛选后添加，服务于设计理念阐释。

3）成果展示。主要包括设计说明、施工图、效果图及工作模型照片，并将这些内容进行排版（图6.2.4）。

4）文字概述。包括设计理念、内容分析、风格定位、设计构思、初步方案等，其中过程分析包括收获如何、困难及遗憾、综合评价及努力方向等。

自我认知
自我改进Ⓣ

简约，沉稳，大气，舒适

| 前台 | 办公区 | 会议室 |

总体色调为白色，水裂纹墙面与大理石地砖相呼应，配以明亮的灯光，显得空间宽敞大气。卡其色，米白色点缀，让空间不过于生硬。不居中对称的效果营造出层次感，尽头的墙面既可以增加用装饰画，也可做展示墙，增加内容。

半开放式的办公区尽量避免了大面积使用白色白色桌椅与本地板相搭配，配以竖纹墙纸，衬托出办公空间安静沉稳的气氛。

二楼主要以舒适的卡其色和米白色为主，为紧张的工作气氛缓解一下压力。黑色铁质玻璃门窗柜，为空间增加了立体感。灰色椅子中和了空间的暖色，增加沉稳感。

图 6.2.4　设计说明（学生作品）

2. 思维导图

思维导图打破了传统印象中对于总结报告方向单一、固定模式、固定内容等方面的刻板印象。既可以作为设计之初发射性思维的有效图形思维工具，也可以用在设计结尾。思维导图采用的是画图的方式，这与我们的设计流程很契合，并且读图更为简单明朗。将思维重点、思维过程以及不同思路之间的联系清晰地呈现在图中，作为设计总结，一方面能够显示出多维的思维过程，另一方面更容易理清层次，为今后的设计启发联想力与创造力。

3. 图文结合

这是一种最为常见的总结方式，采用 Word 软件对图文进行排版，写作内容与前面的 PPT 报告基本相同。建议页面设置为：纸型为 A4 竖版。页边距左侧 3cm，方便装订，其余上侧、下侧、右侧边距为 2cm。标题文字为小二号黑体，班级、学号、姓名文字为小五号宋体，正文为五号宋体。行距为固定值 22 磅。设计报告案例如图 6.2.5 所示。

图 6.2.5　设计报告

我们所谈到的总结工具有助于更好地理解问题，抓住问题的关键并时常拿来温习。这有助于我们发现未预料到的解决方案并支持团队内的思考。

课后训练

结合实际设计与制作项目，对应项目流程，根据自己的实践经历，采用图文并茂的形式，撰写3000 字的项目实践报告书。

通过对前面内容的系统学习，我们可以感受到设计的发展趋势已不再局限或侧重于空间本身，而是强调对过程、氛围、环境、活动的设计。我们在积极处理问题的过程中，以全面的知识为基础，建立清晰的思路，流畅地表达我们的思考，最终投入市场获得价值。

大学中对于室内设计思维的培训和应用正在迅速普及。对于很多同学来说，基于问题的学习不仅是设计思维的重要历程，也是传递学习内容的现代方式。空间设计是在一定约束条件之下进行创作，在拥有创作自由的同时，意味着前期大量的积累带来的积淀。不断地总结，是提高专业知识和技能的有效方式。

附录

附录一 《室内设计》课程整体设计

课程管理信息

时间： 学年第 学期
制定人：周一鸣

课程基本性质

《室内设计》是艺术设计的专业核心课程，是在学习了构成设计、手绘表现技法、家居空间设计课程，具备了手绘能力以及空间设计能力的基础上开设的一门理实一体化的课程。主要训练学生对建筑空间的装饰设计与表达能力，课程的特点是艺术性与技术性相结合。本课程主要训练学生对公共空间的设计能力，结合一个课程设计实践项目，通过学习使学生较为系统地了解室内设计原理，掌握不同类型建筑室内环境设计的一般规律，在为和谐统一的室内外环境设计提供知识储备的同时，也为学生职业岗位能力的扩展延伸奠定良好的基础。

学分：3分
学时：48学时
授课对象：
学生人数：人
性质：专业必修课。
先修课程：《设计构成》《手绘表现技法》《家居空间设计》等。
后续课程：《建筑装饰材料》《建筑装饰构造》《毕业设计》《毕业实习》等。

一、课程目标设计（The course target design）

总体目标（Total target）：

通过各类建筑空间设计项目训练，学生能够运用室内设计的基本原理和美学法则对各种形式的各类建筑空间进行装饰设计，并表现、表达出的设计意图。

1. 具体能力目标（Concrete ability target）

（1）能够通过各种渠道搜集、积累设计素材并在装饰设计中应用。

（2）能够应用装饰设计规范与设计制图标准。

（3）能够测绘待设计的建筑空间并绘制原始建筑图纸。

（4）能够编写客户需求调查报告。

（5）能够运用各种室内设计的风格。

（6）能够对空间进行合理化分隔与组织。

（7）能够对空间的界面进行装饰设计，合理运用装饰材料。

（8）能够对空间色彩的美化进行搭配组合。

（9）能够对空间光环境进行设计。

（10）能够对室内绿化环境进行设计。

（11）能够选择家具与陈设并合理的搭配。

（12）能够表现、表达出设计意图。

（13）能够做出初步的预算和构造施工图。

2. 素质拓展目标（The character expands a target）

（1）学会审美和创造美。

（2）把握"整体—局部—细节—整体"的做事方法。

（3）树立"以人为本"的设计理念。

（4）树立经济、安全、质量、环保意识。

（5）提升学生"自我提高、创新革新、与人合作、外语应用、信息处理"等核心能力。

3. 知识目标（Knowledge target）

（1）了解装饰设计规范、法规与制图标准。

（2）掌握设计原理（美学法则）。

（3）掌握设计方法（思维方法与设计程序）。

（4）理解设计要素（风格、空间、界面、色彩、光影、陈设、绿化等）。

（5）理解空间性质（办公空间内部各功能区域的性质）。

二、课程教学内容设计（The course content of course design）

课程教学的内容有如下几点：

（1）设计任务解读。

（2）工作计划制定。

（3）客户及其需求的调查分析。

（4）设计空间现场勘测、分析。

（5）设计资料收集。

（6）方案设计与交流。

（7）设计图、效果图绘制。

（8）设计手册装帧。

（9）制作展板。

（10）制作 PPT 交流、总结。

将课程内容以工作过程为主线，按"设计准备→设计方案→设计制作→设计总结"4 个工作过程进行任务划分展开教学实施，项目及任务名称见表 1。

表 1   项目设计 (Design of program)

项 目	任 务		学 时
设计项目：小公共空间设计	1-1 设计准备	单元一 课程整体概述与项目布置	4
		单元二 设计准备：现场考察	4
		单元三 设计准备：市场调研	4
	1-2 设计方案	单元四 方案设计：设计概念	4
		单元五 方案设计：平面功能 1	4
		单元六 方案设计：平面功能 2	4
		单元七 设计方案：空间、材质、色彩	4
		单元八 设计方案：家具设计	4
	1-3 方案制作	单元九 设计制作：设计图制作	4
		单元十 设计制作：展示制作	4
	1-4 学习总结	单元十一 设计总结：展示交流	4
	1-5 期末考查	快速设计	4
总课时			48

三、能力训练项目、任务设计（Design of ability training project）

能力训练项目及任务设计见表 2。

表 2   能力训练项目及任务设计表

项目编号		项 目 名 称			
1		中小型公共空间设计			
项目任务编号	能力训练任务名称	拟实现的能力目标	相关支撑知识	训练方式手段及步骤	结果（可展示）
1-1 设计准备	单元一 课程整体概述与项目布置	1. 能明确设计要求； 2. 能分析与把握设计空间； 3. 能制定设计工作计划； 4. 能有针对性收集设计资料	1. 课程内容与学习方法与程序； 2. 设计师工作要点； 3. 办公空间设计、思维的方法与程序	1. 明确设计任务、设计要求与设计空间； 2. 与教师沟通、交流，提出问题； 3. 提出解决问题的方案； 4. 编制工作策划书和工作计划表	策划书、计划书

项目编号		项 目 名 称				
1		中小型公共空间设计				
1-1 设计准备	单元二　设计准备：现场考察	1. 能对施工现场或已经完成的设计现场考察与学习，收集设计有关信息与内容； 2. 能考察装饰材料市场，并鉴别、选择、搭配相关的装饰材料，运用到空间设计中来	办公空间设计规范、要素与要点	1. 现场学习任务交代； 2. 现场学习并记录； 3. 归纳整理出调研报告	调研报告
	单元三　设计准备：市场调研	1. 能赏析优秀作品并分析其设计特点与手法； 2. 能查询设计资料，整理归纳设计规范与要点，并构思如何运用到设计中去	1. 办公空间设计案例； 2. 办公空间的主题； 3. 办公空间设计规范、要素与要点	1. 提出问题，交流、讲授； 2. 思维拓展； 3. 查阅资料并临摹记录； 4. 交流总结	笔 记、临摹作业
1-2 设计方案	单元四　方案设计：设计概念	1. 能选择一个有文化意义、有商业价值的主题； 2. 能根据这个主题形成一种造型元素，并不断扩展演绎，并运用到空间设计中去	1. 主题与创新专题内容； 2. 办公空间设计规范、要素与要点	1. 形成初步的设计概念； 2. 授课启发引导； 3. 进一步确定设计主题	设计主题的确定与演绎
	单元五　方案设计：平面功能 1	能完成合理、实用的平面功能方案	办公空间平面功能分析	1. 进一步收集相关设计资料； 2. 了解室内家具的尺寸要求，人的流动空间尺寸； 3. 做办公的平面功能布局设计与平面流线设计	平面功能布局草图
	单元六　方案设计：平面功能 2	对平面功能布局进一步优化、创意	创新设计	深化并确定办公的平面功能布局设计与平面流线设计	平面功能布局详图
	单元七　设计方案：空间、材质、色彩	能根据主题与平面布局完成立面功能与造型设计	办公空间立面造型设计	1. 有目的地收集、学习相关设计资料； 2. 调整平面设计方案； 3. 构思空间造型； 4. 装饰与造型设计； 5. 立面方案设计； 6. 适时与他人沟通	效果草图与立面草图
	单元八　设计方案：家具设计	1. 能完成顶棚设计方案； 2. 能手绘整体设计方案、细节设计效果图； 3. 能根据设计方案编写设计说明文案	1. 顶棚设计要点； 2. 整体方案设计要点； 3. 细节设计要点； 4. 文字说明要点	1. 顶棚方案设计与推敲； 2. 交流沟通	顶棚方案图
1-3 方案制作	单元九　设计制作：设计图制作	能用 CAD、3ds MAX、PS 等软件完成设计图与效果图	1. 制图规范； 2. 制作技巧	1. 根据方案绘制设计图纸； 2. 绘制效果图	设计图纸、设计效果图
	单元十　设计制作：展示制作	能根据设计图纸完成设计手册、设计展板的设计与制作	1. 书籍装帧知识； 2. 平面构图与色彩知识	1. 编写目录与设计说明； 2. 封面与装帧设计； 3. 制作 PPT 讲稿	设计展板、设计手册、PPT 等内容
1-4 学习总结	单元十一　设计总结：展示交流	能将前期设计工作呈现给全班同学，并用 PPT 讲出设计思路与设计特色	1. 演讲要点； 2. PPT 制作要点	1. 设计展览； 2. 讲演设计； 3. 设计交流； 4. 教师讲评优秀作业； 5. 写设计总结	设计总结

四、进程表设计 (Design of instructional schedule)

进程表设计见表3。

表3　　　　　　　　　　　　　　　　　　进 程 表 设 计

课次	周次	学时	能力目标和主要内容			
			单元标题	能力目标	项目编号	课程主要内容（主要支撑知识）
1	10	4	单元一　课程整体概述与项目布置	1. 能明确这门课程在专业学习中的作用与地位； 2. 能了解这门课程的学习目标与学习方法	1-1-1	1. 课程介绍； 2. 室内设计概述； 3. 教学情景设计介绍
2	10	4	单元二　设计准备：现场考察	1. 能编写业主档案及设计要求调查表； 2. 能与业主交流、了解客户基本信息与设计要求； 3. 能制定设计工作计划、质量要求、时间安排等	1-1-2	1. 设计师沟通技巧与要点； 2. 相关设计法规与规范
3	11	4	单元三　设计准备：市场调研	1. 能全面了解建筑所处的环境、结构与形态、空间采光与通风、水电情况； 2. 能现场测量空间尺寸； 3. 能绘制建筑原始图纸	1-1-3	1. 建筑初步知识； 2. 建筑制图知识； 3. 制图标准
4	12	4	单元四　方案设计：设计概念	1. 能查阅设计规范与参考资料并记录有效信息； 2. 能自学客厅的功能设计要求、空间组成特点以及设计要点，并提出疑问； 3. 能了解客厅尺寸设计要求； 4. 能了解中国古典风格的装饰要素	1-2-1	1. 设计概述与设计程序； 2. 中国古典装饰设计风格； 3. 客厅的设计要点
5	12	4	单元五　方案设计：平面功能1	1. 能参考成功案例的空间设计要素、装饰要素与设计方法； 2. 能进一步收集临摹相关设计资料，听取客户的意见和建议； 3. 能做平面功能布局与流线设计方案	1-2-2	1. 客厅功能设计； 2. 中国古典风格装饰设计要素
6	13	4	单元六　方案设计：平面功能2	1. 能正确把握尺度、调整平面布局； 2. 能进一步收集设计资料、对设计资料进行整理加工、构思空间整体造型； 3. 能与同组成员、客户、设计总监进行交流沟通	1-2-3	1. 客厅空间的空间造型要素； 2. 古典风格装饰要素； 3. 界面设计方法、材料的选择； 4. 投影图与透视图； 5. 制图规范
7	13	4	单元七　设计方案：空间、材质、色彩	1. 能深入了解方案中选用的家具、灯具、界面装饰材料等物件的细节； 2. 能深入考虑客厅的色彩、光影、造型、质感等细节； 3. 能与客户沟通后在调整确定设计方案	1-2-4	1. 中国古典家具搭配； 2. 中国古典灯具； 3. 空间界面设计； 4. 室内照明设计； 5. 建筑装饰材料搭配
8	14	4	单元八　设计方案：家具设计	办公前台、办公桌椅柜的创意设计	1-2-5	1. 设计制图规范； 2. 设计表现技法
9	14	4	单元九　设计制作：设计图制作	1. 能按照制图规范绘制设计图纸； 2. 能在作图过程中进一步细化设计方案； 3. 能表达设计效果图	1-3-1	包装设计与装帧设计
10	15	4	单元十　设计制作：展示制作	1. 能装订包装设计图册； 2. 能展示、讲演设计思路； 3. 能客观评价他人作品并学习他人设计优点； 4. 能自我总结，提出改进的解决途径	1-3-2	1. 演讲要点； 2. PPT制作要点
11	15	4	单元十一　设计总结：展示交流	能将前期设计工作呈现给全班同学，并用PPT讲出设计思路与设计特色	1-4	展示交流学习与学习总结报告
12	16	4	快速设计	快速平面功能布局	1-5	快速设计

五、课程考核方案设计（The course investigates the design of the project）

（1）总评成绩＝课内项目 ×80% ＋快速设计 ×20%。

（2）项目考核成绩由指导老师根据学生设计过程及成果质量评分：①设计过程分项评估占总成绩40%；②设计成果综合评估占总成绩60%。评分依据见表4～表8。

设计过程成绩评估卡：

表4

班级		学号		姓名	
项目__				编号：__–1	备注
任务一		设计准备		学时	12
评估要点： 1. 明确设计任务与要求； 2. 设计规范、设计资料、素材的查阅和收集整理情况； 3. 设计时间、内容、进度、质量要求等计划表的编制情况； 4. 现场测量记录与量房数据记录整理情况； 5. 对业主情况的调查和与业主交流情况； 6. 与同组人员、设计总监交流情况（提出问题与解决问题方案）； 7. 相关知识获知及课堂理论知识笔记情况					具体考核内容及资料可用附件粘贴
自检意见					
小组互检意见		组长签名： 日期：			按100分制计分，自检：互检：测评＝2∶3∶5
设计总监测评					
合计					

表5

班级		学号		姓名	
项目__				编号：__–2	备注
任务二		方案设计		学时	12
评估要点： 1. 风格元素的收集与分析； 2. 居室空间要素的分析； 3. 平面功能布局构思的合理性； 4. 空间流线设计的合理性； 5. 室内造型的美感、协调感； 6. 一草、二草、正草图纸的合理性与美观性； 7. 材料、色彩、光影效果的方案构思情况； 8. 进一步设计资料的收集与整理； 9. 与客户、同组成员、设计总监的沟通情况					具体考核内容及资料可用附件粘贴
自检意见					
小组互检意见		组长签名： 日期：			按100分制计分，自检：互检：测评＝2∶3∶5
设计总监测评					
合计					

表 6

班级		学号		姓名	
项目__				编号：__-3	备注
任务三		设计绘图		学时	4	

评估要点： 1. 设计图纸绘制的规范性、整洁度； 2. 效果图纸表达的创意性与美观性； 3. 设计图纸上材料、尺寸标注的完整性； 4. 对设计方案的深入、细化； 5. 与客户、同组成员、设计总监的沟通情况	具体考核内容见学生课内绘图制作过程

自检意见		
小组互检意见	组长签名：　　　日期：	按 100 分制计分，自检：互检：测评 =2：3：5
设计总监测评		
合计		

表 7

班级		学号		姓名	
项目__				编号：__-4	备注
任务四		设计成果提交及评价交流		学时	4	

评估要点： 1. 封面与装帧设计有创意并与设计内容相符合； 2. 目录与设计说明清晰； 3. 图纸页面构图经营合理美观； 4. 图纸间的关联指引清晰； 5. 材料家具等内容清单明确； 6. 设计自评语言表达能力强； 7. 设计展示后自我评价，发现问题并提出解决方案	具体考核内容及资料可用附件粘贴或见设计册成果

自检意见		
小组互检意见	组长签名：　　　日期：	按 100 分制计分，自检：互检：测评 =2：3：5
设计总监测评		
合计		

设计成果综合评估卡：

表 8

序号	评估项目	评估内容（总权重）	评 估 标 准		权重	得分
1	设计项目情况	方案构思情况（20%）	学习、思维过程记录饱满		5%	
			方案构思过程手稿丰富		10%	
			方案设计创意性强		5%	
		设计表达情况（40%）	功能性	实用、舒适、安全、效率、环保	7%	
			艺术性	风格、个性、主题、造型、色彩、光效、意境	6%	
			文化性	地域、民族、时代、格调、自然、人情	6%	
			科学性	水电热、采光通风、智能、材料、结构、尺寸	4%	
			经济性	节约、耐用、保养、可持续发展	6%	
			图纸完整性：封面、目录、说明、设计图、效果图、清单		5%	
			图纸规范性：制图规范、效果图表达好		5%	
		业主满意度（10%）	实用性好		3%	
			装饰性好		3%	
			资金控制合理		4%	
2	专业素养	学习态度（16%）	设计工作计划明确清晰、按计划保证质量完成		4%	
			设计过程学习相关设计知识、设计方法、积累设计素材		4%	
			总结报告中明确自己在设计中的问题及解决的途径		4%	
			平时的学习积极性、出勤、纪律等方面表现好		4%	
		交流能力（10%）	用设计图纸表达出设计意图，与业主、同组成员、设计总监语言表达能力好		10%	
		团队精神（4%）	小组共同学习促进，相互协作精神好		4%	
3	合计得分				100%	

考核说明：课程考核成绩由指导老师和学生共同完成，过程考核与结果考核同样重要，并对每个设计程序的细节制定相应的评价标准，在评价体系中权衡计划、学习、方案、创意、图纸表现、语言表达、态度等各方面因素。值得一提的是，本课程在评价实施过程中提出"质疑""弹性"的评价概念，即对设计的评价不是固定的，学生可以结合社会与行业发展情况对评价方式提出质疑，及时调整完善评价体系的方案，设计作品也类似于艺术品，除了实用功能以外，对其艺术效果的评价是见仁见智的，因此在评价方案中也增设一些灵活性开放性的因素，从多方位的视角去评价它，如在举行设计作品展览时使用留言箱、投票箱等方法，让更多的观众参与进来评价。

六、第一节课梗概（The epitome of section 1 lesson）

（1）教师、学生自我简介。

（2）介绍本课程在专业学习中的作用与地位、学习目标与学习方法。

（3）明确上课情景、角色、职责：某装饰设计工作室设计总监为教师，下设六个设计分部，每组约4人，均是设计师，其中一人兼项目主管，各自明确设计工作流程和工作职责（图1）。

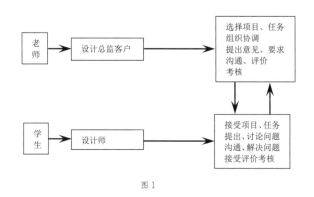

图1

（4）项目交代。

课内项目：办公空间设计。以目前装饰公司运行管理模式，成立"装饰设计工作室"，根据项目任务，将班级分为约4人一组的工作小组，相互协作、共同完成设计项目。

（5）完成项目要求。

1）按照《建筑内部装修设计规范》(GB 50222—2017)、《房屋建筑制图统一标准》(GB/T 50001—2001)制图规范绘制图纸。

2）详见设计任务书要求。

3）质量要求：实用、艺术、创意性具备（详见考核评估表格）。

4）时间要求：使用教学周6周，每周8课时，课后继续完成设计相关工作，期末快速设计根据教学进度在一次课内或者课后完成。

（6）课后思考：分析未来装饰行业的趋势？室内设计师应该具备怎样的素质？除了课内指引，请在课后查找自己喜欢的网络素材。

七、教材及参考资料 (The teaching material and reference)

教材名称:《室内设计项目导学》 周一鸣 中国水利水电出版社（2020版）。

参考资料：详见教材内延伸阅读指引与教材编写的参考资料。

八、工具材料 (Tool and material)

详见教材相关章节指引。

九、需要说明的其他问题 (Other problems for explain)

（1）学生在课内未完成的内容，须利用课余时间完成。

（2）作业地点在专业教室，须遵守专业教室管理制度和要求。

（3）涉及现场勘测、参观及调查，须遵守社会公德和保持良好的个人素养。

（4）校外学习注意交通、人身安全，责任自负。

附录二

设计任务书

系　　部：_____

专　　业：_____

课　　程：_____

班　　级：_____

指导教师：_____

年　　月　　日

设 计 任 务 书

一、设计目的

　　培养艺术设计专业学生对建筑空间的装饰设计的综合能力。

二、设计的总体目标

　　通过设计，使学生针对某项课题，创造性地综合运用所学基本理论和技能，独立完成本专业范围内实际工程设计或对研究课题进行实验分析，培养学生的科学精神和艺术创新能力；调查研究、收集处理信息数据，查找文献的能力；实际运行和操作的能力；语言表达能力。培养学生在设计中具有全局观点、经济观点、注重社会效益的观点及严肃认真的科学态度和严谨求实的工作作风。

三、设计课题

　　1. 选题是关系设计工作质量、教学基本要求能否落实的重要环节。选题应遵循下列原则：

　　（1）符合专业培养目标，体现学科特点，满足教学基本要求。

　　（2）选题能够使学生达到综合运用所学知识，获得比较全面的训练，同时也能使优秀学生可对某些专题进行比较深入的研究。

　　（3）提倡选择结合社会需求及生产实际的课题。

　　（4）选题应慎重严肃，要考虑到学生自己的专业基础和设计能力，选题的分量和难度适当，在保证达到教学基本要求的前提下，因材施教，既要使大多数学生能够在规定时间内完成规定的设计题目，又能使学习成绩优秀的学生得到更好地培养和锻炼。

　　2. 选题方式：

　　公布课题，学生根据课题要求确定主题与风格，设计符合潮流与个性的空间。

　　3. 每个学生一题。使每名学生都受到较全面的训练，且课题应具备任务明确、要求具体、难度适当等特点，每名学生都必须有独立的设计。

四、课题的主要内容及任务

◆设计命题

　　课题为"办公空间室内设计"。于是在有限的面积中，如何为用户提供一个安全、环保、健康，高效的工作室内环境，成为每个室内设计师的社会责任。

◆命题背景

　　本课题是设计工作室模拟项目。

◆设计条件

　　1.将某空间为原型进行设计。

◆ 设计要求

　　1.自行拟定主题作为设计引导。

　　2.自行分析和确定以及使用者的生活方式和使用需求，充分利用室内的空间关系，表达设计者对中小办公空间设计的理解和展望。

　　3.积极拓展设计思路，通过对图纸的表达展开对现今和未来的社会、文化、消费等各方面的综合诠释。

　　4.在设计中首先要充分满足办公与学习的功能要求，并应注意环保、节能、健康、安全的绿色设计。

◆ 设计表达

　　（一）设计方案中包括以下几部分：

　　1.户描述（包括人员组成、年龄、性别、职业等）

　　2.设计概念（设计说明500字以内）

　　3.方案设计过程分析

　　4.效果图

　　5.陈设方案及样板图片（选择一个完整空间展示）

　　6.设计展演文件

　　（二）方案设计投影图示

　　1.平面图（含顶面图）

　　2.户型空间内主要立面

　　3.重点部位设计节点和大样任选

续表

图纸绘制	序号	平面图	序号	顶棚图	序号	立面图	序号	节点、大样、剖面图
	1	平面绘制考察图	1	顶面布置图	1	空间立面图	1	某构造大样图
	2	拆除墙体平面图	2	顶面尺寸图	2	顶面布置图	2	某节点详图
	3	新增墙体平面图	3	灯具定位图	3	灯具定位图	3	
	4	平面布置图	4	顶面材质图	4	顶面设备图	4	
	5	平面铺装图	5	顶面索引图	5			
	6	平面尺寸图	6					
	7	平面索引图						

五、文字部分要求

文字说部分应叙述简明、条理清楚、合乎逻辑、词句通顺、标点正确、文字工整。

具体要求详见设计调研报告与设计策划的编写样板。

六、工作进度安排

详见本学期授课计划

七、本课题必须提交的资料

电子文件包命名：学号 + 姓名

1. 课程开始前教师对班级学生情况的调研

2. 设计手册

　（1）封面（包含项目、主题、班级、姓名、学号、指导老师信息）。

　（2）目录。

　（3）调研报告与设计策划。

　（4）设计说明。

　（5）图纸（平面图、顶棚图、立面图、详图、某个家具设计图）。

　（6）效果图（不少于 6 个角度，有全景更佳）。

　（7）其他内容（如色彩、陈设搭配或者材料清单等）。

　（8）封底。

3. 汇报文件 PPT 或者其他格式展示文件

4. 课程总结报告

5. 学生讲演与老师点评的录像

均需交电子文件，按序排列作业内容，除 PPT 以外，所有文件均使用 A4 纸装订，注意装帧设计。

八、课题时间

本次课题设计时间为　　　年　　月　　日—　　　年　　月　　日

补充说明

（1）所有建筑平面、立面原始图纸根据现场测量自绘。

（2）学生根据工作进度安排自行编制更为详尽、符合个人工作特点的工作计划。

指导老师：

课程网站：www.icourse163.org

www.icve.com.cn

www.xingshuiyun.com

年　　月　　日

参考文献

[1]　克里斯·格莱姆雷.室内设计技术标准常备手册 [M].上海：上海人民美术出版社，2008.

[2]　托姆莱斯·汤戈兹.英国室内设计基础教程 [M].上海：上海人民美术出版社，2006.

[3]　小宫容一加藤力，片山势津子，等.图解室内设计教科书 [M].王蕊，杨一帆，译.北京：中国建筑工业出版社，2015.

[4]　王昀.我的教学 [M].北京：中国电力出版社，2018.

[5]　罗伯托 J 伦格尔.室内空间布局与尺度设计 [M].李嫣，译.武汉：华中科学技术出版社，2017.

[6]　远藤和广，高桥翔，等.图解照明设计 [M].吕萌萌，冷雪昌，译.天津：江苏凤凰科学技术出版社，2017.

[7]　李江军.软装设计元素搭配手册 [M].北京：化学工业出版社，2019.

[8]　庐山艺术特训营教研组.室内设计手绘表现 [M].辽宁：辽宁科学技术出版社，2018.

[9]　赵鲲，朱小斌，周遐德，等.DOP 室内施工图制图标准 [M].上海：同济大学出版社，2019.

[10]　菲利克斯·沙因伯格.创意速写 [M].郭璐，译.上海：上海人民美术出版社，2017.

[11]　迈克尔·勒威克，帕特里克·林克，纳迪亚·兰格萨德，等.设计思维手册:斯坦福创新方法论 [M].高馨颖，译.北京：机械工业出版社，2019.

[12]　达夫.图解演讲与口才 [M].北京：中国华侨出版社，2017.